이 책에 대한 찬사

허블이 열어젖힌 창문 너머로, 제임스 웹 우주망원경은 마침내 그 어두운 심연의 가장 깊은 곳을 응시한다. 태양계라는 우리의 친숙한 보금자리에서부터 시작한 여정은 태초의 빛이 잉태되던 우주 탄생의 첫 순간까지 닿는다. 외계생명체의 희미한 숨결을 쫓으며 인류 기원의 비밀을 파헤치는 위대한 임무는 결국 우리는 어디서 왔고 어디로 가는지를 묻는 근원적인 질문과 맞닿아 있다. 차갑고 난해한 천문학의 언어들은 생동감이 넘치는 일화들과 만나 장면마다 마치 한 편의 드라마처럼 읽힌다. 방대한 과학적 성취를 친근한 화법으로 풀어낸 저자의 탁월한 입담과 거대한 미지를 향해 내딛는 정교한 발걸음이 고스란히 담긴 기록을 과연 누가 펼쳐보지 않을 수 있을까.

— 궤도, 과학 커뮤니케이터·DGIST 특임교수·《과학이 필요한 시간》 저자

우주를 본다는 행위는 우리에게 어떤 의미를 지닐까? 이 책은 이 오래된 질문에 명확한 답을 건넨다. 갈릴레오의 작은 망원경에서 허블과 제임스 웹 우주망원경에 이르기까지 인간이 우주를 바라보는 시선이 어떻게 넓어지고 깊어져 왔는지를 흥미롭게 추적한다. 과학사와 최전선의 천문학 그리고 '창조의 기둥' 이미지가 남긴 문화적 파장을 정교하게 엮어내며 우주 사진이 단순한 기록을 넘어 인간 사고의 틀을 바꾸는 힘을 지녔음을 보여준다. 복잡한 우주론을 세심하고도 생동감 있게 풀어내는 리처드 파넥의 문장은 독자의 시야를 또 한 번 확장시킨다. 여기에 번역자 항성의 탁월한 번역이 더해져 한국 독자에게는 특별한 선물이 된다. 우주를 이해하기 위해서는 먼저 '우주를 보는 법'을 배워야 한다는 사실을 일깨워주는 훌륭한 안내서다.

— 이정모, 전 국립과천과학관장·《찬란한 멸종》 저자

태양계라는 가장 가까운 우주에서부터 태초의 순간에 가까워질 때까지 거슬러 올라갈 수 있을 만큼 아득히 먼 우주까지. 제임스 웹 우주망원경은 인류가 스스로에게 선사하는, 우주를 보는 또 하나의 새로운 눈과 같다. 친절한 안내자들이 보여주는 시야를 따라, 천문학의 지평을 따라 우주를 거닐어 보자. 빛을 따라 가는 산책길은 어디로 이어질까 상상해 보면서.

— **심채경, 한국천문연구원 행성탐사센터장·《천문학자는 별을 보지 않는다》 저자**

새로운 아이디어가 현실과 부딪히는 이야기를 현장감 있게 풀어내 독자를 제임스 웹 우주망원경이 탄생한 바로 그 현장으로 데려간다. 중요한 발견들에 관한 흥미진진한 이야기 속에 적절한 수준의 과학적 설명이 녹아 있다.

— **《사이언스》**

제임스 웹 우주망원경에 아주 가까이 다가가 그것을 구성하고 있는 여러 겹들을 "넓은 테니스 장"만큼 넓게 "휴지 한 장의 두께"만큼 세밀하게 묘사한다. 이 이야기에는 과학 미션의 궤적을 형성하는 데 있어 차지하는 중요성이 녹아 있다. 국가 우주 기관에 자금을 지원하는 지도부를 선출하는 것부터 JWST가 최초로 공개한 다른 세계의 이미지가 인터넷에서 화제가 되게 하는 것에 이르기까지.

— **《사이언티픽 아메리칸》**

작가에 대한 찬사

이보다 잘 과학의 흥미진진한 이야기를 풀어낼 수는 없다. 천문학과 기초물리학이 교차하는 지점의 심부에 놓인 어두컴컴한 미스터리를 환하게 비추는 안내서다.

—《월스트리트 저널》, 《4% 우주》에 대한 서평 중에서

파넥은 과학자 본인들도 겨우 이해하고 있을 사안을 설명하는 능력이 탁월하다. 새로운 아이디어가 소용돌이 치는 순간을 통해 누구나 느낄 즐거움을 선사한다.

—《워싱턴 포스트》, 《중력이라는 문제》에 대한 서평 중에서

탁월하다. 놀라울 정도로 명료하다. 특히 아인슈타인 부분이 훌륭한데, 전문 용어를 사용하지 않는 상대성 이론에 대한 이야기 중 가장 뛰어나다. 거장의 솜씨다.

—《뉴욕 타임스》, 《보이지 않는 세기》에 대한 서평 중에서

과학혁명을 이끈 기구에 대한 최고의 입문서다. 파넥의 이야기는 과학적 발견이 얼마나 구불구불한 과정을 거쳐 이뤄지는지 간결하지만 생생하게 보여준다.

—《가디언》, 《보는 것과 믿는 것》에 대한 서평 중에서

우주를 깨우다

PILLARS OF

체임스 웹 우주망원경은 어떻게 창조의 순간을 보았나

우주를 깨우다

지은이 **리처드 파넥** | 옮긴이 **강성주**

CREATION

WATER BEAR PRESS

우주를 깨우다

초판 1쇄 인쇄 2026년 1월 5일
초판 1쇄 발행 2026년 1월 12일

저자 리처드 파넥
역자 강성주(항성)
기획 장동원 이상욱
책임편집 오윤근
디자인 정든해
제작 제이오엘앤피

발행처 워터베어프레스
등록 2017년 3월 3일 제2017-000028호
주소 서울 강서구 마곡서로 152 두산더랜드타워 B동 1101호
홈페이지 www.waterbearpress.com
이메일 book@waterbearpress.com
ISBN 979-11-91484-37-3 03440

* 책값은 뒤표지에 있습니다. 잘못 만들어진 책은 구입하신 곳에서 바꿔드립니다.

사랑하는 메그에게
이 책을 바칩니다.

일러두기

- 한국어판의 각주는 원저자와 옮긴이가 작성했다. 옮긴이 각주는 앞에 [옮긴이 주]로 표시했다.
- 한글 전용을 원칙으로 하되, 필요한 경우에 원어나 한자를 병기했다.
- 인명, 지명 등의 외래어 표기는 검색이 가장 용이하고 널리 사용되는 표기를 따랐다.
- 책·신문·잡지 등의 제목은 《 》, 논문·기사·사설 등의 제목은 〈〉으로 표기했다.
- 국내 출간 도서명은 국내 출간 제목을 따랐고, 미출간 도서명은 원제에 가깝게 옮겼다.

추천사

제임스 웹 우주망원경과 함께하는 가장 아름답고 인간적인 우주 여행

손상모
우주망원경과학연구소 제임스 웹 우주망원경 운영팀

2021년 크리스마스, 인류가 제작한 가장 강력한 망원경이 지구를 떠나던 순간을 저는 지금도 잊지 못합니다. 성공적으로 로켓과 분리되는 장면에 전 세계가 환호했지만 저를 비롯한 우주망원경과학연구소STScI 동료들은 숨조차 크게 쉴 수 없었습니다. 목표 지점까지 날아 가는 한 달 동안 극복해야 할 344개의 단일 실패 지점single point of failure, 그 중 단 하나라도 삐끗하면 2만 명의 손길과 100억 달러(약 1.5조 원), 그리고 인류가 우주에 품어온 꿈이 한순간에 사라지기 때문입니다.

저는 제임스 웹 우주망원경JWST의 눈을 책임지는 광학팀의 일원입니다. 18개의 금빛 육각형 거울이 서로에게 스며들듯 정밀하게 하나로 맞춰지는 '커미셔닝' 과정을 현장에서 지켜보았습니다. 그 과정을 철저한 준비 아래 이뤄진 과학기술의 승리라고 말할 수도 있지만, 돌아보면 '기적'이라는 단어로 밖에 설명되지 않는 나날이었습니다. 그래서일까요? 리처드 파넥의 《우주를 깨우다》을 읽으며 그때의 떨림, 긴장, 환희가 다시 제 가슴속에서 일어나는 것을 느꼈습니다.

이 책은 단순한 과학 해설서가 아닙니다. 기계를 다루는 기술자가 아닌, '사람'이 쓴 우주의 역사입니다. 저자는 화려한 천체 사진 뒤에 가려진 과학자들의 땀과 눈물, 그리고 집요한 열정을 마치 현장에서 함께 한 것과 같이 생생하게 포착합니다. 공항의 느린 와이파이 속에서 데이터를 내려받기 위해 초조하게 시간을 보내고, 노이즈로 가득한 그래프 앞에서 좌절했다가 결국 호텔방 침대 위에서 우주 최초의 빛을 찾아낸 레베카 라슨. 평생을 바친 연구의 결과물을 처음 마주하고 눈시울을 붉히며 고양이에게 그 화면을 보여주던 하이디 해멀. 파넥은 이런 순간들을 섬세하게 붙잡아, '과학'이라는 단어가 지워버린 감정의 온도를 되살려냅니다.

책은 제임스 웹이 열어젖힌 네 가지 지평선을 따라 우주를 여행합니다. 가까운 행성들의 속삭임에서 시작해, 외계 행성의 대기 속 숨결, 우리 은하의 기억, 그리고 마침내 우주의 첫 숨결까지. 그 여정 속에서 제 연구소 동료이기도 한 오리 폭스의 연구팀은 초신성의 잿더미 속에서 우주 먼지의 기원을 추적합니다. "너무 쉽게 나온 데이터는 아닐까?" 스스로를 의심하며 끝없이 되묻는 과정을 보며, 저는 과학이 사실을 찾아가는 방식이 얼마나 인간적이고 겸손한지 다시 깨달았습니다.

제게 가장 인상 깊었던 부분은 "제임스 웹이 우주론을 박살 냈다"는 자극적 기사 뒤에 숨겨진 진실을 책이 차분히 설명한다는 점입니다. 초기 우주의 은하들이 예상보다 더 밝고, 더 무겁고, 더 이른 시기에 등장했다는 관측 결과는 기존 이론을 무너뜨리는 것이 아니라 우리가 우주를 더 섬세하게 탐색해야 한다는 신호였습니다. 이 책은 그 여정을 누구나 이해할 수 있도록 아름답게 풀어냅니다.

'열 관리의 지옥'이라 불린 태양 차폐막을 설계한 마이크 멘젤의 고뇌, 불가능해 보이던 일에 도전한 수많은 엔지니어들의 손길. 이 모든 이야기는 제임스 웹 우주망원경이 단순한 기계를 넘어, 인류가 하늘에 건네는 가장 깊은 질문이자 가장 용감한 대답임을 보여줍니다.

《우주를 깨우다》는 우리가 어디에서 왔는지, 우주라는

거대한 무대에서 우리는 어떤 존재인지 묻는 사람들의 기록입니다. 언젠가 밤하늘을 바라보며 설명할 수 없는 떨림을 느껴본 적이 있는 사람이라면, 혹은 먼 우주에 숨겨진 풍경이 궁금한 독자라면, 이 책은 제임스 웹 우주망원경이라는 거대한 눈을 통해 가장 아름답고 인간적인 우주 여행을 선물해줄 것입니다. 그 여정에 함께했던 연구자로서 이 책을 마음 깊이 추천합니다.

목차

강을 바라보면서도
내 마음은 바다에 가 있네

-랜디 뉴먼-

프롤로그

NASA에서 이메일이 하나 도착했다. "요청하신 데이터는 한 달 내로 준비될 예정입니다." 그녀는 기다렸고, 다시 이메일 한 통이 도착했다. "요청하신 데이터는 일주일 내로 준비될 예정입니다." 또 기다릴 수밖에 없었고, 얼마 후 또 다른 이메일이 왔다. "요청하신 데이터는 일요일에 받아보실 수 있을 겁니다."

하지만 일요일에 레베카 라슨Rebecca Larson은 2023년 1월에 시애틀에서 열리는 미국천문학회American Astronomical Society, AAS 겨울 학술대회에 참석하기 위해 비행기를 타야 했다.

비행기가 뜨기 전에 데이터가 올 수도 있지 않을까?

그럴리가.

비행 중에는 받아볼 수 있지 않을까?

아니었다.

덴버를 경유 중일 때는 받을 수 있지 않을까?

드디어! 그런데 받은 건 기가바이트 단위 엄청난 양의 원본 데이터였고, 그녀가 실제로 필요한 데이터는 그중 극히 일부였다. 그래도 뭔가 해볼 수 있는 출발점은 생겼다.

라슨은 같은 학회에 참석 예정인 오랜 동료 천문학자인 테일러 허치슨Taylor Hutchison과 함께 다음 비행편을 기다리며 노트북을 펴들었다. 둘은 곧바로 데이터를 확인하려 했지만, 공항 와이파이 속도로는 이 엄청난 양의 파일을 전부 내려받기엔 역부족이었다. 게다가 그들이 진짜로 원하는 건 아직 손에 들어오지 않았다. 지금 받은 건 온갖 불필요한 정보가 섞인 원본 데이터일 뿐, 그 속에서 쓸모없는 찌꺼기를 걸러낸 '진짜 보물'은 아직 따로 처리를 해야 한다.

혹시 시애틀에 도착할 즈음엔 데이터가 오려나? 아니었다. 호텔 체크인할 때쯤이면? 역시 아니었다. 오프닝 리셉션 전에 근처 스타벅스에서 시간 때우고 있을 때쯤? 드디어! 원하던 데이터를 손에 넣었다.

둘은 팀의 수석 연구책임자인 댄 코Dan Coe에게 메시지를 보냈다. 그도 같은 이메일을 받았고, 팀원들을 불러 호텔 로비에서 만나자고 제안했다. 그쪽이 인터넷도 좀 더 나올테니까.

팀원 몇 명이 로비 커피 테이블 주변 의자를 차지하고 모인다. 이들은 빅뱅 이후 약 4억 년쯤 지난 시기의 은하 하나를 관측 대상으로 삼았다. 목표는 단 하나. 제임스 웹 우주망원경의 장비들이 저 멀리 떨어진 시공간에서도 은하의 방출선emission lines, 즉 화학 조성 정보를 담은 빛의 신호를 포착해낼 수 있다는 걸 증명하는 것이었다.

하지만 댄 코는 나쁜 소식을 들고 왔다. 코펜하겐에 있는 팀원이 이미 데이터를 본인이 만든 분석 코드로 돌려봤지만 아무것도 나오지 않았다는 소식이었다. 결과는 그저 '노이즈', 의미 없는 신호뿐이었다. 어쩌면 다른 천체에서 나온 빛이 너무 강해서, 정작 관측하려던 은하의 희미한 신호는 그 속에 묻혀 버렸는지도 모른다.

주변에서 탄식이 터져 나왔다. 한숨도 들리고, 눈가에 이슬이 맺힌 사람도 있었다. 모두가 무력하게 몸을 늘어뜨렸다. 댄은 노트북을 돌려 다른 사람들에게도 그 그래프를 직접 보여줬다.

라슨과 허치슨이 고개를 바짝 들이밀었다. 둘은 이런 데이터의 전문가다. 배경 잡음 속에서 방출선을 골라내는 기술은 둘의 특기나 마찬가지다. 수년 동안 이 일만 해왔다.

"있어. 여기 선 있다." 라슨이 말한다.

허치슨도 고개를 끄덕인다.

"저기." 그녀가 화면의 한 지점을 가리키며 말한다.

"저거, 저게 선이야."

"정말 확실한 거야?" 댄이 물었다.

라슨이 답했다. 자기 코드로 데이터를 다시 돌려보면 댄도 직접 확인할 수 있을 거라고.

하지만 그건 나중 문제였다. 로비는 리셉션을 향해 이동하는 천문학자들로 북적이기 시작했고, 댄과 팀원들도 그 흐름을 따라 밖으로 나섰다. 하지만 댄은 도저히 진정할 수가 없었다. 리셉션장으로 가는 길에도 그는 라슨 옆에 바짝 붙어 물었다.

"진짜로, 방출선이 보인다고 생각해?" "응."

술을 마시며 다시 물었다.

"정말 보인다고 생각해?" "응."

저녁 식사 중에도 마찬가지.

그리고 '보인다'의 반복.

식사 후, 다른 천문학자 몇 명과 함께 들른 바에서는, 라슨이 무심코 동료의 코딩 문제를 해결해줬다. 그 과정에서 생성된 이미지 하나가 곧장 보도자료에 쓸 수 있을 정도였다. 사람들은 노트북을 돌려보며 라슨의 솜씨에 감탄했다.

하지만 라슨에겐 자기도 풀어야 할 코드가 남아 있었다. 호텔로 돌아가, 방으로 들어가, 침대에 누워버렸다.

벌써 18시간째 잠 한숨 못 잤다. 불을 끄고, 눈을 감는다.

그러다 깊은 한숨을 쉬고 다시 몸을 일으킨다. 노트북을 열고, 일을 시작한다.

그래, 뭐. 우주와 시간의 시작을 들여다보는 일이 쉬울리는 없지 않은가?

1936년, 미국의 천문학자 에드윈 허블Edwin Hubble은 이렇게 썼다.

"천문학의 역사는 물러서는 지평선의 역사다."

그리고 이 말은 은유적으로 과학의 역사 전체를 설명한다. 한 세대가 세상을 보는 '지평'을 물려받으면, 그다음 세대는 그 경계를 넘는 방법을 찾으려 한다. 그런 도전의 역사는 결국 두 가지 이야기로 이루어진다.

하나는 호기심의 이야기, 다른 하나는 도구의 이야기다. 과학이 탐구하려는 대상과, 그 탐구를 가능하게 해주는 도구 사이에는 늘 긴밀한 상호작용이 있다. 지적 호기심은 기술 혁신을 이끌어내고, 우리가 알고자 하는 세계는 그에 걸맞은 새로운 도구를 필요로 한다. 이런 탐구와 수단 사이의 긴장과 상호작용은 천문학에만 국한된 일이 아니다. 현미경을 들여다보며 "더 자세하게 보면 뭘 볼 수 있을까?"를 묻는 순간에도, 입자 가속기를 돌리며 "더 강한 충돌에서는 어떤 입자가 튀어나올까?"를 상상하는 순간에도 과학은 언제나 같은 방식으로 한계를 넓힌다.

하지만 천문학에서 '지평선'은, 단순한 은유가 아니다.

1609년, 갈릴레오가 조악한 망원경을 하늘로 향한 그 순간부터 천문학자들은 하나의 경계를 넘을 때마다 또 다른 지평선을 마주해왔다. 그 여정의 시작은, 다른 행성 주위를 도는 위성의 발견이었다.

다른 천문학자들도 다른 행성들에서 또 다른 위성들을 발견했다. 곧이어 천왕성과 해왕성 두 개가 더 발견되었고, 그 행성들 주위에서도 위성이 잇따라 발견됐다. 망원경의 성능이 점점 향상되자, 과학자들은 눈으로는 볼 수 없던 별들을 더 멀리, 더 깊이 관측할 수 있게 됐다. 하지만 20세기 초까지도 가장 강력했던 망원경조차 식별하지 못한 희뿌연 얼룩들이 있었다. 1920년대, 에드윈 허블은 그 얼룩 하나하나가 우리 은하와 같은 '섬 우주island universes', 즉 은하라는 사실을 밝혀냈다. 그리고 1990년대에는 그의 이름을 딴 허블 우주 망원경이 우주를 촘촘히 채운 수많은 은하들을 발견했다.

그 망원경이 볼 수 있는 한계 끝까지, 그리고 어쩌면 그보다 더 먼 곳까지도 은하들은 가득 퍼져 있었다. 우주의 끝자락까지, 그리고 빛이 우리 눈에 닿기까지 시간이 걸린다는 사실을 떠올리면, 이 망원경은 우주의 더 오래된 과거까지도 들여다보고 있었던 셈이다.

대체 얼마나 더 멀리 볼 수 있을까? 얼마나 더 오래전까지 거슬러 올라갈 수 있을까?

허블 우주망원경이 발사되기 전인 1990년 이전부터, 그 후속 망원경의 구상은 이미 시작됐다.

바로 제임스 웹 우주망원경James Webb Space Telescope, JWST이다. 그 당시만 해도, 허블이 우리에게 어떤 새로운 지평선을 펼쳐 보일지 아는 사람이 아무도 없었다. 하지만 천문학자들은 확신하고 있었다. 허블은 분명 이전에 보지 못했던 우주의 경계를 드러낼 것이고, 그 발견은 다음 세대 천문학자들의 호기심을 자극할 것이며, 그 너머로 나아가기 위해서는 지금보다 훨씬 더 강력한 도구가 반드시 필요하리라는 것을 말이다.

제임스 웹 우주망원경의 초기 명칭도 그런 흐름을 반영하고 있었다. 원래 제임스 웹 우주망원경의 이름은 '차세대 우주망원경Next Generation Space Telescope'이었다. 그런데 이 망원경은 그 '차세대' 역할을 놓칠 뻔했다. 예산은 수십억 달러 초과했고, 일정은 5년 넘게 지연됐으며, 2011년에는 결국 미 의회의 비판을 받으며 한때 프로젝트가 완전히 중단되기도 했다.

하지만 결국 미 의회는 제임스 웹 우주망원경에게 사형 집행 유예와 같은 기회를 다시 한번 내줬고, 수년간의 지연과 예산 초과가 끝없이 이루어진 끝에 2021년 12월 25일, 제임스 웹 우주망원경이 마침내 우주로 날아올랐다. 이후 몇 주 동안 제임스 웹 우주망원경은 수백 가지의 기술적 작업들을 완벽히 수행해냈다. 그중 단 하나라도 실패했다면, 이 임무는 그 자리에서 무산됐을 것이다. 하지만 망원경이 지구에서 150만 킬로미터 떨어진 라그랑주 점 L2 관측 지점에 도달하자, 곧바로 임무에 착수했다.

2022년 2월, 제임스 웹 우주망원경은 볼티모어에 있는 운영센터로 데이터를 전송하기 시작했다. 과학 관측에 들어가기 전에, 엔지니어들과 천문학자들이 필수적인 기술 조정 작업을 진행하는 단계였다. 하지만 사실 그 초기 데이터만으로도 알아야 할 것은 충분히 알 수 있었다.

0과 1의 이진법으로 이루어진 숫자들이 전송되고, 그 숫자들이 알고리즘을 거쳐 그래프로 변환됐다. 그래프에는 별과 은하의 움직임, 원소의 흔적이 파도처럼 떠올랐다. 그리고 마침내 위성, 행성, 별, 은하들이 하나씩 화면 위에 모습을 드러냈다. 가까운 우주에서부터 아주 먼 옛날의 우주까지.

"진짜로 되는구나."

누군가 그렇게 말했고, 모두가 웃었다. 안도와 놀라움이 뒤섞인 웃음이었다. "우리가 상상했던 것보다 훨씬 더 잘 돌아가고 있어."

2022년 7월 11일. 백악관에서 열린 행사에서 세상은 마침내 처음으로 제임스 웹 우주망원경이 본 우주의 모습을 마주했다. 우리 은하 안에서, 가스와 먼지 속에서 태어나는 별들. 중력으로 인해 춤을 추는 다섯 개의 은하. 그리고 한눈에 수만 개의 은하가 펼쳐지는 '딥 필드Deep Field' 이미지까지.

하지만 초기에 공개된 여러 이미지들 중에서도, 사람들의 상상력을 가장 강하게 자극한 건 단연 '창조의 기둥Pillars of Creation'이었다. 이 이미지는 1995년 허블 우주망원경이 촬영한 유명한 사진을 제임스 웹 우주망원경이 새롭게 찍은 버전이다. 지구에서 약 41조 마일 떨어진 별 탄생 지역. 성운의 한가운데에서 솟아오른 두 개의 가스와 먼지 기둥은, 마치 쌍둥이 신전처럼 별과 행성이 태어나는 과정을 품고 있었다. 그 안에서는 앞으로도 셀 수 없이 오랜 시간 동안, 별 탄생과 행성 형성의 소용돌이가 계속될 것이다.

그리고 그 뒤를 이은 건 단순한 이미지가 아니었다. 발견이었다. 지평선을 넘고 또 넘는 발견의 연속이었다. 우리 태양계에서 물이 존재할 거라고 생각하지 못한 장소들에서 물의 흔적이 발견됐다. 우리 은하 안의 다른 항성계에서 생명 존재의 흔적이 될 수 있는 원소와 화학 성분들이 포착됐다. 수천억 개나 되는 외부 은하들을 통해 천문학자들은 우주가 성장해온 방식을 완전히 새롭게 바라보기 시작했다. 그리고 그 누구도 손댈 수 없었던 아주 어린 우주의 초기 모습에서는, 우리가 알고 있다고 믿어왔던 우주의 기원에 대해 전혀 다른 질문들이 쏟아지기 시작했다.

그리고 이 모든 놀라운 이미지와 발견의 기반이 된 망원경, 그 자체로 하나의 경이로움이었던 존재가 바로 현대판 '창조의 기둥'이라 불릴 만한 제임스 웹 우주망원경이었다.

1부

제임스 웹 우주망원경의 비전과 임무

1
비전

그는 늘 거대한 아이디어를 품고 다녔다. 가슴이 넓고, 항상 눈을 가늘게 뜨고 다니던 리카르도 지아코니Riccardo Giacconi는 자기만 볼 수 있는 미래를 큰소리로 떠들면서 하루를 시작하곤 했다. 그 아이디어들 중 일부는 사람들을 사로잡기도 했다. 가파른 비탈 아래 스토니 런 개울을 내려다보는 모퉁이의 널찍한 사무실에서 갑자기 열린 회의에서 말이다. 일부 아이디어는 저항에 마닥뜨렸다. 동료 연구원이 반대 의견을 내거나, 조심스럽게 경고하는 경우도 있었다. 지아코니는 이렇게 반대에 부딪힌 아이디어를 다음 날 아침에 아무렇지 않게 포기하는 일이 자주 있었다. 그런 면에서는 합리적인 사람이었다. 충분히 설득력 있는 반론만 제시되면, 다음 날 아침 반론을 편 연구원을 다시 불러 전날까지 확신에 차 있던 주장을 태연하게 철회하곤 했다.

그런 그가 이번에 내놓은 '거대한 아이디어'는 이랬다. 그가 소장으로 재직 중인 볼티모어에 있는 존스 홉킨스 대학교 캠퍼스 외곽에 자리 잡고 있는 우주망원경과학연구소Space Telescope Science Institute, STScI가 허블 우주망원경의 뒤를 이을 차세대 망원경을 지금부터 준비해야 한다는 것이었다.

이번 아이디어는 잠깐의 침묵 끝에 저항에 부딪혔다. STScI 부소장이었던 가스 일링워스Garth Illingworth는 아무 말 없이 그저 눈만 껌뻑이며 리카르도를 바라봤다. 허블 우주망원경은 가스가 유일하게 맡고 있던 일이었다. 아니, STScI 전체가 허블 우주망원경 하나에만 매달리고 있었다. 그게 연구소의 존재 이유였다. 1990년 예정된 허블 우주망원경의 발사를 준비하는 것. 아직 5년이나 남아 있었다.

"안 됩니다." 결국 일링워스는 입을 열었다. "그럴 여유가 없어요." 속으로는 이렇게 덧붙였다. '미친 짓이야.'

하지만 이내 스스로에게 상기시켰다. 상사인 리카르도는 우주망원경이란 개념이 생긴 때부터, 아니 그보다 더 오래전인 우주 개발이 막 시작되던 시절부터 그 일에 매달려온 사람이란 사실을. 우주 시대의 시작, 다시 말해 소련이 인류 역사상 처음으로 인공위성 스푸트니크 1호를 쏘아올리며 우주 경쟁이라는 전쟁의 첫 포성을 울렸던 것이 불과 1957년 가을의 일이었다. 1960년대 내내 지아코니는 대기권 밖에서 관측할 수 있는 망원경을 설계하는 데 앞장섰고, 인공위성 관측 임무까지 이끌었다. 그 임무에서 우주 전역에 정체불명의 엑스선을 만들어 내는 천체가 가득하다는 사실이 밝혀졌다. 이 고에너지 복사선은 당시 천문학자들을 충격에 빠뜨렸고, 그로부터 20년이 지난 지금까지도 완전히 설명되지 못한 채로 남아 있다. '우주에서 천문학을 어떻게 해야 하는가'라는 문제의 전문가를 한 명 꼽으라면, 그건 바로 지아코니였다.

일링워스는 열린 마음을 갖기로 했다.

지아코니가 자기 아이디어를 설명하기 시작했다. 허블 우주망원경이 발사된 뒤 수명은 길어야 10년 정도일 것이다. 길게 잡아도 15년이 한계다. 지금, 바로 이 자리에서 후속 임무에 관한 계획 짜기 시작해도, 그 망원경이 실제로 발사되기까지는 최소 15년은 걸린다. 계산은 간단하다. 허블이 어떤 성과를 남기든, 그 성과를 이어갈 망원경이 필요하다는 건 자명하다. 허블 세대의 천문학자 누구나, 다음 세대도 자기들처럼 우주망원경을 갖길 바라지 않을까? 그렇다면 계획을 바로 지금 이 자리에서 시작해야 한다.

오늘 아침, 바로 이 사무실에서.

일링워스는 마음속으로 인정했다. '어쩌면 이번 아이디어는 완전히 미친 건 아닐지도 모르겠군.'

지난 400년 동안, 모든 세대의 천문학자들은 언제나 새로운 우주를 경험했다. 그 우주가 새로워진 이유는 아마도 그 세대가 이전 세대보다 더 많은 위성을, 행성을, 별을, 은하를 관측할 수 있었기 때문일 것이다.

하지만 '보는 방식' 자체가 달라져서 완전히 새로운 우주가 펼쳐진 경우는 단 두 번뿐이다.

첫 번째는 1609년 가을 어느 저녁이었다. 이탈리아 파도바의 한 대학에서 수학을 가르치던 교수가 자기 집 뒤뜰로 낯선 기구 하나를 들고 나갔다. 납으로 만든 관 양끝에 유리 렌즈가 하나씩 끼워져 있는 이 기구는, 멀리 있는 대상을 훨씬 가까이 보이게 만들어주는 물건이었다.

갈릴레오 갈릴레이Galileo Galilei는 이미 지상의 풍경이 확대됐을 때 어떤 일이 벌어지는지를 잘 알고 있었다. 몇 주 전,

그는 자기 집 뒤뜰로 가지고 나간 기구보다 조금 덜 강력한 기기를 베네치아 원로원 의원들에게 시연했다. 그들을 직접 탑 꼭대기로 데려가 그 기구를 통해 기적 같은 풍경을 보여줬다. 멀리 떨어진 마을의 첨탑이 손에 닿을 듯 다가왔고, 항구에 들어오기 전 외국 배에 걸린 깃발까지도 훤히 보였다. 그 결로 그가 받은 보상은 파도바 대학교의 종신 교수직이었다.

하지만 그날 밤 갈릴레오는 지구 위가 아니라 지구 밖, 즉 우주에 있는 먼 것들을 확대해 보면 과연 무엇이 보일지를 알고 싶었다. 그는 망원경을 하늘로 향했고, 아래쪽 렌즈에 한쪽 눈을 갖다 댔다. 그리고 그 순간, 이전까지는 결코 넘을 수 없던 경계를 단숨에 뛰어넘었다.

"우리는 멀리 떨어져서 탐구할 수밖에 없다." 거의 2000년 전, 아리스토텔레스는 《천체에 관하여De Caelo》에서 이렇게 썼다. "우리 감각은 하늘에 있는 천체들의 특성 중 극히 일부만을 알아차릴 수 있기 때문이다."

그리고 그로부터 2000년 후, 훗날 '망원경'이라 불리게 되는 갈릴레오의 이 '원거리 관측기perspicillum'는 인류 역사상 그 어떤 도구도 하지 못했던 일을 해냈다. 우리의 오감을 확장시켰고, '본다'는 말의 의미 자체를 바꿔버렸다.

되돌아보면, 그 전까지 '관측'이라는 개념은 오직 육안으로 볼 수 있는 범위 안에만 한정되어 있었다. 하지만 그날 밤 이후로, 천문학에서 '본다'는 것은 눈으로 볼 수 있는 것뿐 아니라 망원경을 통해 볼 수 있는 것까지 포함하게 됐다. 빛을 조작하는 도구가 시야의 정의 자체를 바꾼 것이다.

그 후 수 세기 동안, 천문학자들은 빛을 더욱 정교하게 조작하는 법을 배워나갔다. 관 끝에 있는 렌즈의 모양과 길이를 바꾸면, 빛의 굴절 방식 즉, 빛이 꺾이고 초점이 맞춰지는 방식을 조절할 수 있다는 사실을 알아냈다. 그리고 렌즈 대신 거울을 쓰면, 빛을 반사시켜 더 많이 모을 수 있다는 사실도 알게 됐다.

그런데 20세기 중반쯤, 새로운 세대의 천문학자들, 특히 리카르도 지아코니의 세대는 기존의 '빛'에 대한 이해 자체를 다시 생각해봐야 할지도 모른다는 의심을 품기 시작했다.

눈에 보이지 않아도 빛은 더 멀리 뻗어 있을 수 있다는 생각은 새로운 생각이 아니었다. 1800년, 독일계 영국인 천문학자 윌리엄 허셜William Herschel은 아이작 뉴턴이 했던 실험을 다시 해봤다. 빛을 프리즘에 통과시켜 무지개 같은 다양한 색깔 스펙트럼을 만들어내는 실험 말이다. 하지만 허셜은 여기에 한 가지를 더했다. 스펙트럼의 각 색 구간, 보라색에서 빨간색까지의 영역에 온도계를 하나씩 놨다.

예상대로, 온도계는 빛의 색에 따라 서로 다른 온도를 기록했다. 스펙트럼의 가장 자외선 쪽인 보라색 영역이 가장 낮았고, 빨간색 쪽으로 갈수록 온도가 올라갔다. 그런데 놀라운 일이 벌어졌다. 아무 색깔도 보이지 않는 빨간색 바깥쪽에서도 온도가 계속 올라가고 있었다. 허셜은 이런 결론을 내렸다. "열은 적어도 일부분, 어쩌면 대부분이 감히 말하자면 '보이지 않는 빛'으로 만들어져 있는 것 같다."

허셜의 발견 이후 150여 년 동안, 천문학자들은 빛이 전기와 자기가 합쳐진 것이라는 사실을 알아냈다. 그리고 전자기 스펙트럼은 전파에서 시작해서 마이크로파, 적외선, 가시광선, 자외선, 엑스선, 감마선까지 이어지는 하나의 연

전자기 스펙트럼

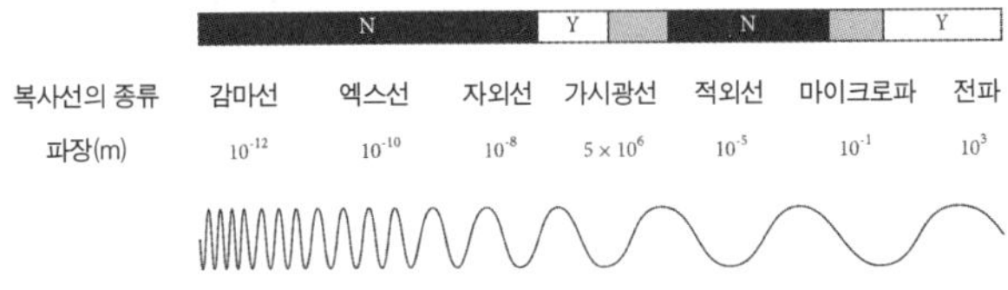

빛의 의미는 시대에 따라 달라져왔다. 1800년 이전까지 '빛'이란 우리가 맨눈으로 볼 수 있는 것, 혹은 망원경의 도움을 받아 볼 수 있는 것을 의미했다. 하지만 20세기 중반 무렵, 천문학자들은 눈에 보이지 않는 전자기 스펙트럼의 영역들에서도 우주에 대한 엄청난 정보가 담겨 있다는 사실을 깨닫기 시작했다. 제임스 웹 우주망원경은 주로 적외선을 이용해 관측하기 때문에, 이전 어느 망원경보다도 더 멀리, 더 오래된 우주의 모습을 볼 수 있다. 공간 너머로 더 멀리 본다는 것은 곧 시간 속으로 더 깊이 되돌아간다는 뜻이다.

속된 영역이라는 것도 깨달았다. 빛은 언제나 같은 속도로 움직이고, 서로 다른 종류의 빛을 나누는 기준은 파장의 길이라는 것도 밝혀졌다. 예를 들어, 우리 눈에 보이는 빛은 약 0.4마이크로미터에서 0.7마이크로미터 사이의 파장을 가지고 있다. 1마이크로미터는 1밀리미터의 1,000분의 1, 즉 0.001밀리미터다. 이렇게 짧은 구간 안에서도 파장이 조금씩 달라지면서 우리가 보는 색깔이 바뀐다.

하지만 20세기 중반이 되어서야 천문학자들은 눈에 보이지 않는 빛, 즉 0.4마이크로미터보다 짧거나 0.7마이크로미터보다 긴 빛도 천문학 연구에 쓸 수 있음을 깨닫기 시작했다. 제2차 세계대전 때, 연합군은 정체를 알 수 없는 전파 신호의 방해를 받았다. 처음에는 독일군이 전파를 방해한다고 생각했다. 하지만 영국의 기술자들이 알아보니 이 신호는 태양 표면에서 일어난 전자기 폭발, 즉 태양 플레어에서 나온 것이었다.

전쟁이 끝난 후, 레이더 기술자들은 흥미로운 사실을 하나 더 발견했다. 1930년대에 뉴저지 벨 연구소의 라디오 안테나가 우연히 우리 은하의 별들이 전파•를 내보내고 있다

• 벨 연구소는 이 발견에 더 이상 관심을 두지 않았다. 천문학자 칼 얀스키Karl Jansky는 대서양을 건너는 무선 통신 연결을 방해하던 '지직거리는 잡음'이 무엇인지 알아내라는 회사 임무를 마쳤다. 회사 입장에서는 그것만으로 충분했다.

는 사실을 포착했던 것이다.

그 기술자들 중 한 명이었던 버나드 러벨Bernard Lovell은 영국 정부를 설득해서 지름 76미터짜리 거대한 전파망원경을 제작하기 위한 자금을 마련했다. 1950년 8월, 천문학자들은 이 전파망원경을 근처 은하 하나에 맞춰 보았고, 그 신호를 차트 레코더Chart Record라는 장비로 기록했다. 이 장비는 지진계처럼 작동하는데, 전파 신호가 잡히면 종이 위에 잉크로 선을 그어 표기한다. 러벨은 나중에 이렇게 말했다. "우리 은하 외에도 전파를 내보내는 천체들이 있다는 것을 확실히 알 수 있었습니다."

전자기 스펙트럼은 매우 넓지만, 그중에서 지구 대기를 뚫고 들어올 수 있는 것은 전파와 가시광선, 그리고 일부 자외선뿐이다. 천문학자들이 다른 영역에도 놀라운 정보가 숨어 있는지 알고 싶다면, 방법은 하나뿐이었다. 지구 밖으로 나가는 것이다.

그들은 뉴멕시코 사막 상공에 V-2 로켓을 쏘아올렸다. 로켓에는 가이거 계수기와 각종 탐지 장비를 실었다. 로켓은 대기권을 겨우 벗어날 정도의 높이까지 올라갔다가 다시 땅으로 돌아왔다. 1946년, 그런 탐사 로켓 중 하나가 태양에서 나온 자외선을 처음으로 잡아냈다. 그리고 이듬해에는 태양이 엑스선을 내보낸다는 사실도 확인했다.

하지만 이런 관측이 본격적으로 늘어난 것은 진짜 '우주 시대'가 시작된 후였다. 로켓이 지구 궤도에 들어갈 만큼 충분한 속도를 낼 수 있게 되면서, 천문학자들은 처음으로 태양계 너머를 탐사할 수 있게 됐다. 이제 가시광선, 전파, 자외선뿐만 아니라 다른 보이지 않는 빛까지 찾아서 우주를 관측할 수 있게 된 것이다.

1962년, 가이거 계수기를 실은 로켓이 태양계 밖에서 처음으로 엑스선을 내보내는 천체를 발견했다. 그중에는 태양보다 무려 100억 배나 강한 엑스선을 뿜어내는 정체불명의 천체도 있었다.

이 발견을 담은 논문 〈태양계 밖에서 온 엑스선의 증거Evidence for X-Rays from Sources Outside the Solar System〉를 쓴 사람이 바로 리카르도 지아코니였다. 그는 곧바로 세계 최초의 엑스선 전용 천체관측 위성인 우후루Uhuru를 만들기 시작했고, 이 위성은 1970년에 우주로 올라갔다. 우후루는 3년 동안 일하면서 서로 돌고 있는 두 엑스선 천체인 쌍성 엑스선을 내뿜는 별을 여러 개 찾아냈고, 블랙홀로 의심되는 천체도 처음으로 발견했다. 또한 하늘 전체의 엑스선 지도를 만들 수 있는 자료도 모았다. 그런데 우후루가 발사되기도 전에,

지아코니는 벌써 다음 엑스선 위성인 '아인슈타인Einstein' 계획에 참여하고 있었다. 아인슈타인은 1978년에 발사됐다.

이런 식으로 탐사가 계속 이어졌다. 다른 종류의 전자기파를 보는 영역에서도 마찬가지였다. 먼저 무엇이 있는지 확인하려고 장비를 우주에 보내고, 그 결과를 보고 다음 임무를 더 정교하게 만들면서, 동시에 그다음 임무도 준비하는 식이었다. 1970년대 후반, NASA는 이 모든 영역을 제대로 다루기 위해 '거대 우주망원경Great Observatory' 프로그램을 시작했다. 앞으로 20여 년 동안 네 개의 큰 우주망원경을 차례로 쏘아 올리겠다는 계획이었다. 각각은 엑스선, 적외선, 감마선, 그리고 우리 눈에 보이는 빛과 자외선을 담당할 예정이었다. 엑스선 망원경은 지아코니가 함께 제안한 것이었다. 이 중 마지막인 가시광선과 자외선 망원경이 바로 허블 우주망원경이었고, 당시에는 1980년대 초에 발사할 계획이었다.

하지만 일부 천문학자들에게는 눈에 보이지 않는 전자기파 영역을 연구하는 데만 20년이 걸린다는 일정이 문제였다. 그들은 NASA가 이미 너무 많은 시간을 허비했다고 느꼈다. 지아코니 자신도 자기 분야에서 공백을 겪은 적이 있었다. 그가 이끌었던 아인슈타인 위성 임무는 우후루처럼 거대 우주망원경 프로그램 이전에 진행된 것으로, 1981년에 끝났다. 하지만 다음 엑스선 관측 임무, 즉 거대 우주망원경 계획에 포함된 엑스선 우주망원경은 아무리 빨라도 1990년대 중반이 되어야 발사될 예정이었다. 1981년, 경력에 공백이 생긴 지아코니는 새로 만들어진 STScI 소장직을 맡았다.* 여기라면 적절한 시기에 NASA가 같은 실수를 반복하지 않도록 방향을 잡아줄 수 있으리라 생각했다.

당시 애리조나 키트 피크 국립천문대Kitt Peak National Observatory에서 일하던 가스 일링워스는 지아코니가 그 연구소 소장이 된다는 소식을 듣고 의아했다. 지아코니는 엑스선 천문학자였고, 허블 망원경은 주로 가시광선을 관측하는 장비였기 때문이다. 그러나 1984년 일링워스는 부소장으로 연구소에 들어온 후 곧 깨달았다. 이 프로젝트에 진짜 필요한 사람은 가시광선 관측 경험이 많은 사람이 아니라, 대형 과학 프로젝트에서 복잡한 관료 시스템을 뚫고 나갈 수 있는 경험을 가진 사람이었다는 것을.

그리고 그 무렵부터 지아코니는 벌써 허블 우주망원경 다음 우주망원경에 대한 논의를 어떻게 이끌어갈지 계획을 세

* 물론 결정적인 이유는 아니었겠지만, STScI 소장실에 개인 욕실이 딸려있다는 것은 꽤 괜찮은 보너스이긴 했다.

우고 있었다. 일링워스가 STScI에 들어온 1984년에 NASA는 우주 과학 자문 기관인 '우주과학위원회Space Science Board'에 앞으로 수십 년간 추진할 우주 프로젝트 목록을 만들어달라고 요청했다. 특히 1995년부터 2015년까지 20년간의 계획을 염두에 두고 있었다. 위원회는 전체 프로젝트를 여섯 개 분야로 나누고, 각 분야마다 별도의 작업 그룹을 만들었다. 지구과학, 생명과학 등이 있었고, 지아코니는 천문학 및 천체물리학 분과에 참여했다.

다른 분과들과 마찬가지로, 지아코니가 속한 그룹도 1984년 여름부터 회의를 시작해서 1986년 1월까지 여러 번 만났다. 그리고 1986년 6월, 위원회의 전체 운영위원회가 모여 각 분과의 연구 결과를 검토했다. 이 회의에는 두 가지 목적이 있었다. 하나는 어떤 항목들을 더 연구하고 조사해야 하는지 최종적으로 정리하는 것이고, 다른 하나는 여섯 개 분과가 내놓은 수십 개의 목표들을 정리해서 종합 보고서를 만드는 일이었다. 운영위원회는 항목들을 하나씩 검토하고 또 검토한 끝에 이런 결론에 도달했다. "거의 모든 제안이 더 검토할 만하다."

이렇게 해서 완성된 보고서가 1988년 국립과학원 출판부National Academy Press를 통해 나온 《21세기 우주 탐사: 1995

년부터 2015년까지의 과제Space Science in the Twenty- First Century: Imperatives for the Decades 1995 to 2015》였다. 총 일곱 권으로 이루어졌으며, 분야별 리포트가 담긴 여섯 권과 이를 종합한 개요서 한 권으로 구성돼 있었다. 개요서 서문은 보고서가 명확한 로드맵도, 우선순위가 정해진 계획도 제시하지 않는다고 솔직하게 털어놓는다. 대신 '스모가스보르드smorgasbord', 즉 순서 없이 다양한 메뉴가 차려진 스웨덴식 뷔페처럼 방향보다는 선택의 폭을 넓히는 데 중점을 뒀다고 설명했다.

운영위원회는 자신들이 제안한 과제들에 우선순위를 매기지 않았다. 하지만 '천문학 및 천체물리학' 장에는 의미심장한 문구가 들어 있었다. "허블 우주망원경 이후 10년에서 20년 안에 사용될 8미터에서 16미터급 망원경이 허블우주망원경(지름 2.4미터)보다 6배 더 선명한 이미지를 제공할 수 있을 것이다."

보고서는 각 과제의 중요도를 순서대로 매기는 것이 목적은 아니었지만, NASA에 던지는 메시지는 명확했다. "우선순위를 다시 정해야 한다."

그리고 바로 그해, 1986년 1월 28일에 비극이 일어났다. 플로리다 케이프 커내버럴에서 이륙한 우주왕복선 챌린저호Space Shuttle Challenger가 고도 약 14킬로미터 지점에서 공중

폭발했다. 몇 주 후, 대서양 바닥에서 비교적 온전하게 회수된 승무원 캡슐을 조사한 결과 충격적인 사실이 드러났다. 7명의 우주비행사 중 일부는 폭발 후에도 약 2분간 산소를 공급받으며 살아 있었다는 것이다. 즉, 그들은 캡슐이 바다에 추락하는 순간까지 살아 있었다.

NASA는 이 사건을 '사고'라고 표현했지만, 우주 과학계에서는 '참사'라는 말이 훨씬 더 많이 쓰였다. 미국 우주과학계 사람들에게 이 사건은 쓰라리지만 '확실한 경고'였다. 사실 그들은 오래전부터 NASA의 우주 탐사 정책에 불만을 가지고 있었다. 특히 예산을 어떻게 배분하고 연구 과제를 어떻게 선정하는지에 계속 문제를 제기해왔다. 하지만 그들의 불만은 NASA가 우주 탐사를 무시한다는 것이 아니었다. 진짜 문제는 다른 데 있었다.

드와이트 D. 아이젠하워Dwight D. Eisenhower 대통령이 1958년 '국가항공우주법National Aeronautics and Space Act'에 서명한 순간부터, 그리고 결정적으로 1961년 5월 25일 존 F. 케네디 대통령이 미 의회 합동 연설에서 "1960년대가 끝나기 전에 인간을 달에 착륙시키고 무사히 지구로 귀환시키겠다"고 선언한 그 순간부터, 과학자들은 하나의 '이념'과 경쟁해야 했다. 그것은 냉전 시대의 절박함을 낭만적 이상으로 포장한 것이었다. 《21세기의 우주 탐사》의 개요서는 이를 "인간의 우주 진출이라는 개념"이라고 표현했다.

이 개요서는 NASA 창설 30년 후인 1988년까지의 역사를 이렇게 정리했다. "지난 30년 동안, 과학적 탐사는 미국 우주 프로그램의 유일한 목표가 아니었을 뿐 아니라, 가장 중요한 목표도 아니었습니다. 아폴로 계획과 우주왕복선 개발, 그리고 최근의 우주정거장 개발까지, 이 모든 프로젝트는 다양한 우주 탐사 분야의 요구를 충족시키기 위해 만들어진 것이 아니었습니다."

이 보고서는 직접적으로 말하지는 않았지만, 그 의미는 분명했다. 세대를 거듭하며 새로운 우주를 발견하고 그 우주를 탐구할 새로운 도구를 만들어왔던 천문학의 연속적 탐구 전통이, 우주왕복선 프로그램에 자원을 쏟아붓는 과정에서 끊어졌다는 것이었다. 굳이 명시하지 않아도 메시지는 충분히 전달됐다. "본 연구의 운영위원회는 현재의 국가 우주 프로그램 우선순위를 재조정할 것을 권고합니다."

보고서는 이렇게 입장을 밝힌 후, 바로 다음 문장에서 다시 한번 그 입장을 분명히 강조했다. "운영위원회는 미국이 미래의 우주 계획을 구상할 때, 과학의 진보와 그 성과를 인류 복지에 활용하는 일을 '인간의 우주 진출 능력 확대' 같은 다른 목표만큼이나 미국 우주 프로그램의 핵심 과제로 삼아야 한다고 제안합니다."

그리고 이어지는 문단에서도 같은 주장을 반복했다. "이렇게 해야만 과학 및 공학 자원이 1958년 우주법이 요구한 대로 국가 이익을 위해 효과적으로 활용될 수 있습니다. 주어진 자원으로 최대한의 과학적 성과를 얻는다는 이런 기준은 유인 우주 활동과 무인 우주 활동 사이의 균형을 결정할 때에도 반드시 적용돼야 합니다."

NASA에서 이 서문을 읽던 누군가는 이쯤에서 잠시 멈춰 페이지를 넘기고 다시 앞장을 들춰봤을지도 모른다. 처음 읽을 때는 별 감흥 없이 지나쳤을 수도 있지만, 다시 봤을 때는 문장이 꽤 날카롭다고 느꼈을 것이다. 그 보고서 서두에는 잠언 29장 18절의 구절이 인용돼 있었다. 처음에는 흔한 동기부여 문구쯤으로 보였겠지만, 챌린저호 참사를 겪은 시점에서는 날카롭고 구체적인 의미로 다가왔을 것이다.

"비전이 없으면, 백성은 방자해진다."

그렇다면 허블 우주망원경의 뒤를 잇는 차세대 우주망원경에 대해 STScI은 어떤 목표를 제시할 수 있을까?

지아코니가 일링워스에게 던진 질문 속에는 사실 과학을 다음 세대로 이어주는 두 가지 핵심 질문이 들어 있었다.

첫째, 지금 우리 과학자들은 무엇을 탐구하고 싶은가?

둘째, 그 탐구를 가능하게 해줄 기술은 무엇인가?

하지만 이 두 질문에 답하는 과정은 단순하지 않았다. 과학이라는 분야 자체의 본질에서 나오는 복잡함이 여기에 얽혀 있기 때문이다. 두 질문 중 하나의 답은 언제나 다른 하나의 답에 달려 있었다.

많은 사람들이 생각하는 것과 달리, 과학은 '가설을 세우고 → 실험하고 → 맞는지 틀리는지 확인한다'는 일련의 과정을 따르는 경우가 드물다. 어떤 때는 실험해보고 싶은 가설이 있지만 그것을 확인할 방법이 없기도 하고, 또 어떤 때는 확인할 기술은 있는데 마땅한 가설이 없는 경우도 있다. 이렇게 질문과 도구가 서로 얽혀 있어서, 과학의 발전은 자주 조각나고 삐걱거리며 멈칫거리는 과정을 거친다. 겉으로 보기에는 아무 진전이 없는 것처럼 보일때도 많다. 과학자들은 이런 과정을 '비선형' 발전 과정이라고 부른다.

그런 상황에서 일링워스가 맡은 임무는 가능한 한 이 과정을 '체계적이고 순서대로' 만들어보는 일이었다. 《21세기의 우주 탐사》 보고서에서 허블 우주망원경의 후속 망원경이 언급된 바로 그 지점에, 수많은 제안 목록 중 이 임무 하나를 골라 확정된 계획으로 만들어내는 것이었다. 마치 뷔페에서 접시에 음식을 담아내듯, 허블의 뒤를 잇는 차세대 우주망원경 계획을 '골라서 내놓는' 일이었다.

그렇게 그는 곧바로 움직였다. 1988년 8월, 《21세기의 우주 탐사》 보고서가 나온 직후, 일링워스는 볼티모어에서 열린 국제천문연맹International Astronomical Union 총회에서 다음과 같이 발표를 했다. "첫 걸음은 이미 내디뎠습니다." 일링워스는 《21세기의 우주 탐사》 보고서에서 허블 우주망원경 이후의 프로젝트가 언급된 사실을 예시로 들며 이렇게 말했다. "이제 우리는 계속 앞으로 나아가야 합니다." 그는 '연속성'이 무엇보다 중요하다고 강조했다. 그리고 지아코니의 이름을 직접 언급하지는 않았지만, 그의 경험을 빗대어 이렇게 말했다. "모든 천문학자들, 특히 관측을 주로 하는 연구자들이라면 이런 상황을 쉽게 상상할 수 있을 겁니다. 주요 관측 장비를 10년, 15년 동안 사용할 수 없게 된다면 연구에 얼마나 치명적인 타격을 입게 될지 말이죠. 그런데 바로 그런 일이 엑스선 천문학 분야에서 실제로 일어났습니다. 아인슈타인 위성은 여러 분야에서 엄청난 성과를 거뒀고, 중요한 문제들에 대해 정말 유용한 데이터를 제공했습니다. 그런데도 그 연구의 문이 갑자기 닫혀버렸죠."

그렇다면 만약 허블의 후속 망원경이라는 문을 계속 열어 둘 수 있다면, 천문학자들은 그 망원경이 어떤 일을 하길 바랄까? 첫 번째는 명확했다. 허블이 본 천체들을 더 멀리까지 더 높은 해상도로 다시 보는 것. 두 번째 역시 분명했다. 허블이 볼 수 없었던 것들을 보는 것. 그리고 이미 그 목표는 두 가지 형태로 구체화되고 있었다. 《21세기의 우주 탐사》 보고서에 명시돼 있었고, 일링워스의 국제천문연맹 연설에서도 언급됐다. 허블의 후속 망원경은 두 가지를 겨냥해야 했다. 하나는 우주가 태어난 직후 등장한 초기 은하들, 다른 하나는 우리 은하 안에 있는 외계 행성들이었다. 이 두 가지 목표를 관측하려면, 전자기 스펙트럼에서 가시광선을 넘어서는 더 긴 파장 영역으로 나아가야 했다. 바로 적외선 영역이었다. 적외선은 가시광선 영역이 끝나는 대략• 0.7 마이크로미터부터 시작되는 가시광선보다 더 긴 파장 영역이다.

적외선 영역은 수백 마이크로미터까지 이어지지만, 20마이크로미터 이상을 감지할 수 있는 망원경이라면 그것만으로도 엄청난 발전이라고 할 수 있다. 그런 감지 능력을 가진

• 여기서 '대략'이라고 한 이유는, 스펙트럼은 결국 스펙트럼이기 때문이다.

망원경이라면, 이론상으로는 빅뱅 이후 몇억 년밖에 지나지 않은 시기에 형성된 은하들까지 관측할 수 있다. 어쩌면 그보다 더 이른 시기의 은하도 포착할 수 있을지 모른다.

팽창하는 우주에서는, 은하 간의 거리나 물체가 아니라 바로 공간 자체가 팽창한다. 그리고 이 공간의 팽창으로 인해 은하에서 출발한 빛이 우주를 가로질러 오면서 파장이 점점 더 길어진다. 결과적으로, 우주 초기의 은하들에서 출발한 빛이 우리에게 도달할 즈음에는 그 빛의 파장이 가시광선 영역을 넘어 적외선 영역까지 늘어나게 된다. 천문학자들은 이런 현상을 '적색이동redshift'이라고 부른다.

적외선으로 보면 또 하나의 중요한 가능성이 열린다. 우리 은하 안에서 별이 태어나는 지역, 즉 별 탄생 지역은 두꺼운 먼지층으로 둘러싸여 있어 가시광선으로는 그 내부를 제대로 볼 수 없다. 하지만 적외선으로는 그 먼지를 뚫고 안쪽을 들여다볼 수 있다. 기존의 적외선 우주망원경들도 이런 영역을 어렴풋이 관측하긴 했지만, 천문학자들은 짙게 드리운 '먼지의 안개'를 완전히 뚫고 들어가 별의 탄생 현장을 생생하게 들여다보고 싶어 했다.

이런 망원경을 상상한다는 것은 곧 과학자들이 기술 발전이 계속될 것이라 믿고 있다는 뜻이기도 하다. 그리고 일링워스는 그 지점에서 다시 생각했다. 왜 기술 발전이 멈출 거라고 생각해야 하지?

그의 세대는 컴퓨터 펀치카드를 직접 써본 마지막 세대였다. 얇고 딱딱한 종이에 직접 구멍을 뚫고, 그렇게 만든 카드 뭉치를 폭스바겐 정도 크기의 콘솔 옆 트레이에 하나씩 올려야 프로그램이 돌아갔다. 하지만 80년대 중반, 천문학자들은 '미래가 이미 왔다'고 말할 만한 유닉스 워크스테이션 Unix workstation을 쓰고 있었다. 컬러 화면에 독립형 키보드, 플로피디스크까지 갖춘 최신 장비였다.

망원경 기술도 큰 변화를 겪고 있었다. 어두운 관측소에서 사진 건판 앞면에 감광유제가 제대로 발렸는지 확인하려고 직접 '핥아봐야' 했던 시절도 있었지만, 이제는 고감도 전자 센서인 CCD로 바뀌고 있었다. 기존 건판은 빛을 많아야 5%밖에 받아들이지 못했지만, CCD는 80% 이상을 포착할 수 있었다.

이것을 포함해 여러 기술의 발전으로 천문학은 변하고 있었다. 하지만 기술 발전이 허블 우주망원경의 후속 우주망원경이 그것에 투자한 시간과 비용을 정당화할 수 있을 만큼의 과학적으로 의미 있는 차이를 만들 정도로 충분히 빠른 속도로 이뤄질 것인가?

결국 일링워스가 보기에 믿음의 도약을 계속해야 했다. 가정에 가정이 계속 이어졌다.

필요한 기술이 존재한다면. 그 우주망원경으로 이전보다 더 멀리 있는 은하들을 발견한다면. 외계 행성이 정말 존재한다면.

하지만 다른 무엇보다 중요한 가정이 있었다. 이 프로젝트가 끔찍할 정도로, 참담할 정도로, 임무를 취소해야 할 정도로 꼬이지만 않는다면.

실제로 일은 꼬이기 시작했다. 일링워스가 허블 우주망원경의 후속 망원경에 대한 공감대를 본격적으로 이끌어내기도 전에 말이다.

1989년, 그는 STScI을 떠나 캘리포니아 대학교 산하 릭 천문대Lick Observatory로 자리를 옮겼지만, 여전히 NASA, STScI과는 긴밀하게 협력하고 있었다. 그는 망원경 설계 전문가인 피에르-이브 벨리Pierre-Yves Bely와 함께 1989년 9월 중순, STScI에서 '차세대 우주망원경' 워크숍을 열기로 했다. 여름 무렵에는 이미 워크숍 준비가 한창이었다. 주제도 정해졌고, 발표 일정도 짜였으며, 연사들도 초청됐다. 하지만 7월

20일, 닐 암스트롱이 달에 첫 발을 내디딘 지 꼭 20년이 되는 그날, 조지 H. W. 부시George H. W. Bush 미국 대통령이 국립항공우주박물관The National Air and Space Museum 연단에 섰다. 그리고 다시 달에 가겠다는 국가적 비전을 선언했다. "1961년에는 위기, 즉 우주 경쟁이 우리를 전진케 했습니다. 오늘날에는 위기가 없습니다. 기회가 있습니다. 이 기회를 움켜잡기 위해, 저는 아폴로 때와 같은 10년짜리 단기 계획을 제안하지 않으려 합니다. 장기적이고 지속적인 노력과 헌신을 제안합니다." 그리고 이렇게 못을 박았다. "다시 달로 갑시다. 다시 미래로 갑시다. 이번엔 그곳에 머무르러 다시 갑시다."

NASA와 STScI 사이를 잇는 연락관이 일링워스에게 전한 소식은 이랬다. 이제 '차세대 우주망원경' 워크숍에 '달'도 포함해야 한다. NASA의 지지를 받으려면 달과 관련된 논의가 반드시 들어가야 한다는 뜻이었다. 그렇게 해서 우주로 망원경을 보내는 주제에 달에 망원경을 설치하는 방안도 포함됐다. 새로운 세션이 추가되고, 새로운 연사들이 초청됐지만…. 그다지 반응이 좋진 않았다. 허블의 후속 망원경이 성과를 낼 유일한 방법이 '달에 설치하는 것'이라면 괜찮았을 것이다. 하지만 당시 과학계에는 우주 공간에 망원경을 띄우는 방안이 더 현실적이라는 공감대가 형성돼 있었다.

그러나 일링워스에게는 이 프로젝트를 순조롭게 진행시키기 위해 과학계에 반드시 전해야 할 메시지가 있었다. 워크숍 결과를 모아 만든 논문집의 편집자 중 한 명이었던 일링워스는 서문의 두 번째 문단에서 몇 년 전 지아코니가 외쳤던 메시지를 다시 꺼내들었다. "지금 허블 우주망원경의 후속 임무를 계획하기엔 아직 이르다고 느껴질 수도 있다. 하지만 사실은 이미 늦었다."

그로부터 겨우 8개월 후, 프로젝트는 또 다른 예상치 못한 문제에 부딪혔다. 이번에는 훨씬 더 심각하고 치명적일 수도 있는 문제였다.

1990년 4월 24일, 허블 우주망원경을 실은 우주왕복선이 발사됐다. 그리고 5월 20일, 허블이 '퍼스트 라이트First Light'를 찍었다. 퍼스트 라이트는 천문학에서 망원경이 처음 찍은 이미지를 뜻한다. 그 후 한 달 동안 허블은 계속해서 지구로 관측 이미지를 보냈는데, 그것들이 담고 있는 메시지는 의심할 여지없이 분명했다. "볼티모어, 문제가 생겼다."•

• [옮긴이 주] NASA의 우주비행사들은 상황이 발생해 본부에 연락할 경우, 관례적으로 '휴스턴, 문제가 생겼다Houston, we have a problem'라고 말한다. NASA의 총괄 본부인 존슨 우주 센터가 휴스턴에 위치해 있기 때문이다. 볼티모어는 허블 우주망원경의 운영을 담당하는 연구소인 STScI가 위치한 도시다.

허블의 주 반사경에 초점 문제가 있었다.

천체 관측을 위한 연구용 반사경은 빛이 어디에 닿든 모두 하나의 초점으로 모이도록, 반사면 전체가 아주 정밀한 곡률로 이뤄져 있어야 한다. 하지만 허블 우주망원경의 반사경 가장자리는 기준에서 1.3밀리미터나 어긋나 있었고, 이는 심각한 왜곡을 일으키기에 충분한 오차였다.

허블 우주망원경 임무는 곧바로 미국 전역의 조롱거리가 됐다. 심야 코미디 프로그램과 사무실 잡담의 단골 소재가 돼, "너한테 주어진 일은 딱 하나였는데"의 전형적인 사례로 비꽜다. 이 오류 때문에 허블 우주망원경은 본래 해야 할 많은 임무를 제대로 수행할 수 없었고, 이로 인해 NASA는 의회의 엄격한 감시와 압박을 받게 됐다. STScI에서는 차세대 우주망원경을 위한 모든 작업이 사실상 중단됐다. 우선은 지금 세대의 망원경부터 고쳐야 했다.

하지만 만약 고칠 수 없다면?

그럼에도 불구하고 허블 우주망원경은 몇몇 과학적 성과를 이뤄내는데 성공했다. 예를 들어, 초신성 폭발 이후 남은 가스 고리를 관측하거나, 어떤 물질이 블랙홀로 추정되는 곳으로 빨려 들어가는 장면을 포착하는 데 성공했다. 하지만 STScI에서는 '24시간 풀가동'이라 할 정도로, 전 직원이 오직 한 가지 일에 몰두하고 있었다. 거울을 어떻게 고칠 수 있을지였다. 1993년 여름, STScI은 마침내 방법을 찾아냈고, NASA는 그해 12월로 예정된 우주왕복선 임무에서 우주 유영을 통해 수리 작업을 진행하도록 허락했다.

그러나 이 허락에는 대부분의 사람들, 특히 천문학의 수뇌부라 할 만한 사람들도 알지 못했던 조건이 하나 붙어 있었다.

그해 8월, 워싱턴 카네기 연구소Carnegie Institution of Washington의 천문학자 앨런 드레슬러Alan Dressler는 천문학 연구를 위한 대학 협회Association of Universities for Research in Astronomy, AURA 국장 괴츠 오르텔Goetz Oertel로부터 전화를 받았다. AURA는 1957년에 설립된 연구소들의 비용 및 시설 공유를 위한 컨소시엄이자, 카네기 연구소를 정부로부터 독립적으로 관리하는 운영 기관이었다.

어찌 보면 허블 우주망원경은 AURA가 관리하는 여러 망원경 중 하나일 뿐이었지만, 당연하게도 그 이상의 의미가 있었다. 정부 투자도 가장 많이 받았고 대중의 관심도 가장 높았다. 그런데 동시에 엄청난 의미가 있는 것도 아니었다. 조직도가 어떻게 돼 있든, 실제로는 NASA가 전체 판을 이끌었기 때문이다. 그리고 바로 그 NASA가 드레슬러에게 허블 수리 임무를 포기할 예정이라는 소식을 전했다.

리스크가 컸다. 누구나 아는 사실이었다. 사람을 로켓에 태워 지구에서 수백 킬로미터 떨어진 곳으로 보내는 일은 언제나 위험했다. 하지만 이제 NASA는 비용과 위험을 저울질하며, 리스크가 지나치게 클 수도 있다고 생각하고 있었다. 오르텔의 말에 따르면, NASA는 누구의 목숨도, 좀 더 정확히는 NASA 인력을 불필요한 위험에 빠뜨리지 않겠다고 못박았다. NASA는 본인이 임무 취소 권한을 가지고 있을 뿐만 아니라, 그 권한을 다른 누구와도 상의하지 않고 행사할 수 있다고 AURA에 통보했다. 오르텔이 덧붙인 바로는, NASA가 임무를 취소할 가능성은 반반이었다.

'흥미롭네?' 드레슬러는 생각했다. 그런데 그는 AURA가 자신한테 바라는 바가 무엇인지가 궁금했다.

"우리에게는 대안이 없습니다." 오르텔이 말했다. 허블 우주망원경이 실패로 끝나게 되더라도, AURA는 여전히 전 세계 망원경들을 관리할 것이다. 그러나 한 세대를 대표하는 우주망원경 사업에서는 발을 빼게 된다. 드레슬러는 그런 비상 상황에 대비한 위원회의 의장직을 맡을 생각이 있는가? 만약의 경우에 허블 우주망원경의 대안을 준비할 생각이 있는가?

결국 근본적인 질문으로 돌아가야 한다.

첫째: 과학계는 무엇을 연구하고 싶어 하는가?

둘째: 그런 연구를 가능하게 해줄 기술은 무엇인가?

그해 가을, 드레슬러는 자신을 포함해 천문학자 20명으로 위원회를 만들었다. 그들은 허블 우주망원경을 대체할 망원경이 어떤 모습이어야 할지 이야기했다. 허블 우주망원경과 비슷하게 만들까? 아니면 다르게? 외계 행성을 찾는 데 특화시킬까? 초기 은하 관측에 집중할까?

사실 허블 우주망원경의 후속 망원경에 대한 논의는 오래전부터 있어왔다. 허블 시대의 우주 과학자라면 누구나 알고 있었다. 새로운 장비는 그다음 장비의 출발점이 된다는 것을. 사실 리카르도 지아코니가 우주과학위원회에 참여하기도 전부터 이런 논의는 막연하게나마 이뤄지고 있었다. 그리고 2, 3년 후 지아코니가 일링워스에게 다음 단계 계획을 시작하라고 했을 때, 일링워스는 처음엔 놀랐지만 곧 그 말이 맞다는 걸 깨달았다. 누군가가 의지를 갖고 밀어붙이기만 하면, 허블 우주망원경의 후속 망원경은 당연히 나올 수밖에 없었다.

하지만 그 모든 논의의 결과물, 즉 1989년 STScI 워크숍에서 나온 아이디어들은 드레슬러 눈에 차지 않았다.

적외선, 좋다. 적외선은 '당연'하다.

우리 은하의 별들과 행성계를 가리는 먼지를 뚫고 보려고 하는가? 그럼 적외선이 답이다.

우주 초기를 탐사하려면? 우주 팽창으로 인해 최초 천체들의 빛이 가시광선 영역을 벗어난 그 시대를 보려면? 역시 적외선이 답이다.

하지만 1989년 보고서 속의 망원경은 자외선, 가시광선과 함께 적외선을 그냥 조금 섞어 넣은 수준이었다. 드레슬러가 보기에 그 모든 보고서들이 제안하는 건, 그저 더 크게 만든 허블 우주망원경일 뿐이었다.

더 큰 문제는 허블 우주망원경이 발사되기도 전에, 허블이 무엇을 할 수 있는지도 모르는 상태에서 '더 큰 허블'을 제안했다는 점이었다. 드레슬러는 이런 접근을 '처음부터 실패작'이라고 생각했다. 허블 우주망원경에 초점 문제가 없었더라도, 1989년 보고서는 전형적인 말과 마차의 위치가 뒤바뀐 경우였다. 1991년 발표된 천문학과 천체물리학 10년 조사Astronomy and Astrophysics Decadal Survey, 즉 국립연구위원회National Research Council가 대략 10년마다 미래 프로젝트들의 지원 우선순위를 정하는 조사에서도 일링워스와 동료들이 제출한 제안은 언급조차 되지 않았다.

드레슬러의 '허블 우주망원경 그리고 그 이후 위원회HST& Beyond Committee'는 NASA가 1993년 12월 수리 임무를 할지 말지 아직 고민하고 있을 때 만들어졌다. 결국 NASA는 리스크와 효과를 따져본 후 수리 임무를 승인했다. 그리고 그 임무는 성공했다. 허블 우주망원경은 이제 NASA와 AURA가 혹시 포기해야 하는 건 아닌가 걱정했던 바로 그 최첨단 과학 연구를 수행할 수 있게 됐다. 허블 우주망원경의 즉각적인 대안, 오르텔이 드레슬러에게 아이디어를 내보라고 했던 바로 그 대안은 더 이상 필요치 않았다. 하지만 드레슬러는 위원회를 해산할 생각이 없었다.

지금이야말로 허블의 후속 망원경을 결정할 때였다. 허블 우주망원경이 실제로 무엇을 할 수 있는지 세상이 알 수 있는 바로 지금 말이다.

허블 우주망원경이 보여준 능력은 두 가지 면에서 천문학자들을 놀라게 했다.

첫 번째는 과학적 성과였다.

망원경이 제대로 작동하기 시작하자, 그 결과는 놀라웠다. 1994년 5월 허블은 초대질량 블랙홀들이 실제로 존재한다는 것을 증명했다. 1962년에 지아코니와 가이거 계수기가 발견했던 엑스선들이 바로 그 블랙홀들에서 비롯됐다.* 그 해 7월에는 혜성 조각들이 목성 구름층을 뚫고 들어가는 장면을 생생하게 보여줬는데, 그때 생긴 대기 교란 구멍 하나 하나가 지구보다 컸다. 1995년 2월에는 목성의 위성 유로파에서 산소를 찾아냈다. 천문학자들은 과학사의 이런 순간에 천문학자로 살고 있다는 게 믿기지 않는다고 생각할 정도로 다양한 발견들이 쏟아져 나왔다.

다른 하나는 놀라움보다는 충격에 가까웠다. 적어도 드레슬러에게는 그랬다. 다른 천문학자들이나 NASA 관계자들과 이야기해보니, 그들도 똑같이 충격을 받은 것 같았다.

대중은 허블에 완전히 매료됐다.

정말 푹 빠져버렸다. 아무리 봐도 싫증내지 않았다. 컬러 사진들이 온갖 곳에 나타났다. 신문 1면, 잡지 특집, 책, 텔레비전 프로그램, 그리고 점점 더 많이 인터넷에도.

어느 정도 나이가 든 NASA 베테랑들은 1960년대가 떠오르는 순간이었다. 아폴로 프로그램 전성기 이후 처음으로 대중이 우주 탐사를 인간의 모험으로 받아들이고 있었다.

* 지아코니는 "우주 엑스선 근원 발견을 이끌어 낸 천체물리학에 대한 선구적인 공헌"을 인정받아 2002년 노벨 물리학상을 수상했다.

하지만 중요한 차이가 있었다.

그 시절에는 우주 탐사를 대리로 경험했다. 캡슐에 누워 있는 우주인이나 달에 발을 내딛는 사람에게 자신을 대입하는 식이었다. 뒷마당에 서서 하늘을 바라보며 '우리 중 누군가가 저기 있다'고 생각했다.

이제 우주 탐사는 우주를 직접 보는 것을 의미했다. 가까이서, 선명한 컬러로 볼 수 있었다. 이렇게 '진짜로' 보는 것은 처음 있는 일이었다. 이제는 집에서도 생생하게 우주를 볼 수 있었다. 집에 있는 컴퓨터(직장이 아닌 '자기 집' 컴퓨터)로 전화선을 모뎀에 연결하고 인터넷에 접속한다. 접속할 때 나는 이상한 음악을 들으며 기다리고, 화면 아래쪽에서 천천히 올라가는 로딩 바를 지켜본다. 그런 기다림 끝에 볼 수 있는 것은 우주와 시간에 대한 생각을 완전히 바꿔놓을 이미지였다.

1995년 12월, 드레슬러는 워싱턴 DC에 있는 NASA 국장 대니얼 S. 골딘Daniel S. Goldin을 만났다. 골딘은 3년 전에 NASA 국장이 됐는데, 그 전에는 거대 기업 TRW에서 25년간 일했다. 직원 10만 명이 넘는 이 회사에서 거대 우주망원경 임무들을 관리했고, 나중에는 정보 수집과 군사 관련 우주 프로그램을 총괄했다. 드레슬러가 허블의 후속 우주망원경 계획을 시작하자고 제안했을 때 골딘의 반응은 예상했던 대로였다. "허블이 이제야 처음으로 제대로 작동하고 있는데요?" 게다가 수리 임무 덕분에 허블 우주망원경을 당초 예상했던 15년인 2005년보다 훨씬 더 오래 사용할 수 있다는 것도 확실해졌다.

골딘은 천문학자가 아니라 관리자였다. 드레슬러도 알고 있었다. 하지만 드레슬러는 이렇게 믿었다. 댄 골딘도 결국 사람이고, 사람은 이야기를 좋아한다. 그가 골딘에게 해준 것은 그야말로 세상에서 가장 장대한 이야기였다.

드레슬러는, 본인의 표현을 빌자면, 과학에 대해 "감성적"이었다. 왜 그런 성향을 갖게 됐는지 인생의 여러 경험으로 설명할 수 있었지만, 가장 먼저 떠오르는 건 15년 전쯤 칼텍Caltech에서 들었던 강연이었다. 파사데나Pasadena의 카네기 관측소Carnegie Observatory에서 일하는 천문학자들에게 이런 세미나는 마치 영화관에 가는 것 같은 느낌을 줬다. 때로는 리처드 파인만Richard Feynman이나 머리 겔만Murray Gell-Mann 같은 과학계의 대스타가 연사로 나타나기도 했다. 이날의 강연자는 루이스 알바레즈Luis Alvarez였다. 노벨 물리학상 수상자이자 로스앨러모스Los Alamos 맨해튼 프로젝트Manhattan Project에서 로버트 오펜하이머J. Robert Oppenheimer와 함께 일했던 동료였고•, 우여찮게 드레슬러의 삼촌과 함께 일한 옛 사업 파트너이기도 했다.

그런데 알바레즈는 그 자리에 고에너지 물리학 이야기를 하러 온 게 아니었다. 드레슬러도 강연을 몇 분 듣다가 깨달았듯, 하고 싶은 이야기는 따로 있었다. 지질학자인 아들 월터가 새로 발견한 것과, 자신이 아들과 함께 만들어가고 있는 이론이었다. 루이스가 말하길, 월터 알바레즈Walter Alvarez의 조사에 따르면 전 세계 퇴적층에서 6,600만 년 전쯤에 만들어진 이리듐iridium 함량이 높은 지층이 나타난다. 이리듐은 지구에서는 거의 찾아보기 어려운 원소다. 그러나 소행성에는 흔하다. 알바레즈 부자의 질문은 이랬다. 혹시 소행성이 지구에 충돌해서 공룡들이 멸종된 건 아닐까?

그날 강연은 드레슬러의 머릿속을 떠나지 않았다. 몇 주 동안 그 생각만 했다. 과학자로 살아오면서 공룡 멸종은 절대 풀 수 없는 미스터리라고 여겨왔는데, 만약 알바레즈 부자의 추론이 맞다면 어떨까?

설령 알바레즈 부자가 틀렸다고 해도, 그럴 가능성이 있는 것만으로 충분했다. 공룡을 쓸어버린 소행성이 결국 인

• 말 그대로 영화를 보러 가는 느낌이다. 알바레즈는 2023년 개봉한 영화 〈오펜하이머Oppenheiner〉의 등장 인물이니까.

류가 나타날 길을 열어줬을 수도 있다. 그 대재앙 이후 다시 시작된 생명의 흔적들을 찾아낼 수 있다면? 드레슬러는 20여 년이 지나 허블 우주망원경이 보내온 사진들을 보면서 이런 생각을 했다. "인류의 기원은 물론이고 우주 전체의 역사까지 거슬러 올라갈 수 있지 않을까?"

드레슬러는 골딘 앞에 두 개의 물건을 꺼내 놓았다. 하나는 《허블 은하 지도The Hubble Atlas of Galaxies》였다. 에드윈 허블의 제자 앨런 샌디지Allan Sandage가 만든 우리 이웃 은하들의 사진집이었다. 드레슬러는 안드로메다 은하가 나온 페이지를 폈다. 우리 은하와 마찬가지로 나선 모양을 한 은하였다. 그다음 테이블 위 다른 물건을 가리켰다. 허블 우주망원경이 최근 찍은 사진이었는데, 깜깜한 배경에 밝게 빛나는 수많은 점들이 나타나 있었다.

"이게 다 은하들입니다." 드레슬러가 말했다. 여기저기 점들을 가리키며 계속했다. "이 점 하나하나가 모두 은하예요. 우리 은하와 똑같은 은하들이죠. 각각 수천억 개의 별들을 품고 있는데, 그 별들 주변에는 또 얼마나 많은 행성들이 돌고 있을까요?"

그러나 드레슬러는 잠시 그 질문에 관한 이야기는 뒤로 미루며 말을 이었다.

"이 은하들은 우리에게 '이야기'를 들려주고 있습니다." 드레슬러가 말했다. "더 멀리 보게 될수록, 과거를 더 깊이 들여다볼 수 있거든요. 과거를 더 깊이 볼 수 있다면 그 이야기의 시작에 더 가까워지고요. 허블로도 많은 걸 알 수 있지만, 그것도 한계가 있습니다. 더 멀리 볼 수 있다면 이야기의 시작 부분을 볼 수 있을 겁니다. '옛날 옛적에'로 시작하는 바로 그 부분, 우주의 시작 부분이요. 빅뱅 자체가 아니라 최초의 은하, 최초의 별이 나타난 순간이요."

"바로…" 요즘 드레슬러 머릿속에 계속해서 맴도는 단어 하나가 있었다. 자신이 망원경으로 풀고 싶은 이야기와 뗄레야 뗄 수 없는 단어였다. 그는 그 단어를 꺼냈다. "우리의 '기원'이요."

그 회의에는 NASA 우주탐사부 책임자와 NASA 책임연구원도 와 있었다. 그리고 가장 중요한 인물인 에드워드 와일러Edward Weiler도 있었다. NASA 천체물리학 담당 국장으로, STScI와 AURA, 그리고 허블 우주망원경 관련 모든 일을 연결하는 역할을 하는 사람이었다. 드레슬러가 발표를 끝내자 와일러가 복도에서 잠깐 기다려달라고 했다. 10분 정도 지나서 와일러가 골딘 사무실에서 나왔다.

"좋은 소식입니다." 와일러가 말했다. 드레슬러의 설득이

통했다. 골딘이 허블의 후속 망원경 개발을 승인해주기로 마음을 먹었다.

다음 달인 1996년 1월 15일, 샌안토니오에서 열린 미국천문학회에서 NASA는 한 장의 놀라운 이미지를 공개했다. '허블 딥 필드Hubble Deep Field'라는 이름의 사진이었다.

12월 18일부터 28일까지 허블 우주망원경은 하늘의 바늘구멍 같은 한 점만 계속 바라봤다. 그 크기가 얼마나 작은지 비교해보자면, 100미터 떨어진 테니스 공, 23미터 떨어진 곳의 10원짜리 동전, 아니면 팔을 뻗은 거리의 모래알 한 톨 정도다. 천문학자들이 이곳을 택한 건 우리 은하의 별이 거의 없는 방향이어서 시야를 방해하지 않기 때문이었다. 진정으로 보고자 했던 것은 우리 은하 너머였다.

더 많은 은하들이 있을 거라는 건 당연했다.

하지만 얼마나 많을까? 그리고 얼마나 멀리 있을까?

허블 우주망원경은 11일 동안 지구 궤도를 150바퀴 이상 돌면서 342번 촬영했다. 그사이 저 멀리서 나온 광자들이 망원경의 CCD 센서로 끊임없이 계속 쏟아져 들어왔다. 마치 우주 저 깊은 곳에서 시료를 뽑아내듯이, 전체 하늘의 2,400

만 분의 1(1/24,000,000,000)밖에 안 되는 그 작은 구멍을 통해서 말이다. 허블 우주망원경이 다른 곳으로 시선을 돌릴 무렵에는 최대 120억 광년 떨어진 은하를 2,000개 넘게 찾아냈다. 현재로부터 빅뱅 시점까지 4분의 3 이상 되돌아간 셈이었다.

그렇게 드레슬러가 세상에 보여주고 싶었던 과거 우주의 모습을 허블 우주망원경은 그 한계까지 보여줬다. 더군다나 이번에는 우주 프로그램의 미래를 좌우하는 영향력 있는 NASA 관리자 한 명이 아니라 전 세계에 보여줬다. 딥 필드의 가장 희미한 은하들을 들여다보면 저 밖에 또 무엇이 있을지 궁금해지지 않을 수 없었다.

우리는 얼마나 먼 우주까지 볼 수 있을까? 얼마나 먼 과거까지 볼 수 있을까?

사실상 허블 딥 필드는 새로운 지평을 열었다. 허블 우주망원경의 후계자, 즉 차세대 우주망원경이 추구해야 할 목표를 제시했다. 유인 우주 탐사에 맞먹는 원대한 목표였다. 바로 우주 최초의 빛을 찾는 것이었다.

2
임무

1996년 1월 미국천문학회 겨울 세션에서 NASA가 허블 딥 필드 사진을 공개하고 이틀 뒤, NASA 국장 댄 골딘이 중요한 연설을 했다. '21세기 NASA의 임무'라는 제목이었다. 1월 겨울 세션에는 언제나 수천 명의 천문학자들이 몰려드는데, 이번에도 거의 모든 사람들이 샌안토니오 볼룸에 빽빽하게 모였다. 천문학의 미래뿐만 아니라 자기 커리어의 미래가 어떻게 될지 듣고 싶어서였다.

연설을 하던 골딘은 차세대 우주 탐사 이야기를 하다가 허블 우주망원경 후속 차세대 우주망원경의 미래로 화제를 바꿨다. 잠깐 말을 멈추더니 맨 앞줄에 앉은 사람 한 명에게 시선을 고정했다.

"앨런 드레슬러가 여기 와 있네요." 골딘이 말했다.

드레슬러는 앉은 자리에서 몸을 곧게 폈다. 21세기 우주 과학의 미래에 대한 연설에서 NASA 국장이 자신을 직접 언급한다고 해서 특별히 놀랄 일은 아니었다. 왜냐하면 드레슬러는 '허블 우주망원경 그리고 그 이후' 위원회 위원장이었고, 골딘이 끝나면 다음 순서로 나가서 위원회 권고사항들을 발표할 예정이었다. 그래도 골딘이 뭘 말하려는지는 전혀 짐작할 수 없었다.

"이 사람이 원하는 건" 골딘이 드레슬러를 내려다보며 말했다. "그저 4미터짜리 거울입니다." 지름 4미터인 망원경 거울을 말하는 것이었다. "그래서 제가 물어봤습니다." 골딘이 계속했다. "왜 그렇게 작은 걸 원하죠? 6미터나 7미터로 만들면 안 되나요?"

드레슬러 뒤쪽에 앉은 수십 줄의 천문학자들이 환호성을 터뜨렸다.

지난달 골딘의 사무실에서 만났을 때, 골딘은 실제로 허블 우주망원경 후속기에 지금까지 구상된 것보다 훨씬 큰 거울을 달 수 있다고 제안했다. 그때 드레슬러는 '완전 좋은데!'라고 생각했다. 하지만 미국천문학회가 다가오면서 생각이 바뀌었다. 세미나실에 있는 다른 사람들도 여기에 숨어 있는 함정을 듣게 되면 자신과 똑같이 생각이 바뀌리란 걸 알고 있었다. 골딘의 사무실에서 들었던 바로 그 함정을 말이다.

관중은 곧 그 함정을 알게 됐다. 예산은 그대로라는 것이었다. 거울 지름은 두 배로 키우지만, 프로젝트 비용 5억 달러는 변하지 않는다.

환호성이 뚝 끊어졌다. 이제 웅성거리는 소리만 들렸다.

"마이크, 이거 열관리가 정말 지옥 같을 거야."

록히드 마틴Lockheed Martin사의 천체물리학 부문장 프랭크 마틴Frank Martin이 마이크 멘젤Mike Menzel에게 차세대 우주망원경 프로젝트 수석 시스템 엔지니어 자리를 제안하는 중이었다. 1996년 1월 미국천문학회에서 골딘이 처음엔 기대를 부풀려놓고 나중엔 사람들을 당황시킨 발표를 한 지 2~3년이 흘렀다. 그사이 NASA는 방산 및 항공우주 대기업들에게 제안서를 요청했고, 세 곳이 지원했다. TRW(나중에 노스롭 그루먼Northrop Grumman에 인수되는 기업이다), 고다드 우주 비행 센터Goddard Space Flight Center, 그리고 록히드 마틴이었다.

록히드 마틴에서 허블 우주망원경 정비 임무 부 프로그램 매니저로 일하던 멘젤은 우주망원경 기술에선 최고의 전문가 중 한 명이었다. 망원경 기술 요구사항 목록을 한 번 훑어보더니 누구나 알 수 있을 뻔한 사실을 말했다.

"그렇습니다." 멘젤이 말했다. "정말 열관리가 지옥 같을 거예요."

우주에서 쓰는 적외선 망원경은 여러 기술적 난제가 따른다. 적외선은 열에 민감하기 때문에 검출기를 극도로 차갑게 유지해야 한다. 절대영도(0 K, -273.15°C)에 가까울수록 좋다. 이를 위해서는 지구의 열기가 닿지 않는 곳에 있으면서 동시에 태양 직사광선도 완전히 차단해야 한다.

그런데 이건 프로젝트에 참여자 모두가 이미 알고 있는 이야기였다.

기내 냉각 시스템은 아예 불가능하다. 연료를 너무 많이 써서 임무 수명이 짧아지기 때문이다. 그러니 망원경은 스스로 냉각될 수 있어야 한다. 기기 전문가들이 '자연 냉각 passive cooling'이라고 부르는 방식으로, 우주 공간 자체를 냉각제로 써야 한다.

이것도 프로젝트 팀원은 다 아는 이야기였다.

낮은 온도를 유지하려면 태양열을 차단하는 차폐막이 필

요하다는 것도 당연한 이야기였다.

이런 조건들을 다 합치면 '열관리 지옥'이 맞다. 그런데 멘젤이 지적한 건 또 다른 문제였다. 우주에서 물체 온도를 낮추고 유지하는 것보다 더 까다로운 문제였다.

"열관리가 되는지 '검증'하는 일도 지옥입니다." 멘젤이 말했다.

곧 상사가 될 마틴이 멘젤을 바라봤다.

"테스트 자체가 불가능해요." 멘젤이 설명했다.

문제는 태양 차폐막이었다. 허블 우주망원경 일을 하면서 멘젤은 NASA 조직 문화를 익히 알고 있었다. NASA는 '지상에서' 검증하는 걸 좋아했다. 장비가 실제로 작동할 우주 환경과 최대한 비슷하게 만든 환경에서 테스트를 하려 했다.

여러 항공우주연구소에는 극한 물리 조건들을 재현할 수 있는 시험 시설들이 있다. 메릴랜드주 그린벨트에 위치한 고다드 우주비행센터에는 몇 층 높이의 실험실이 있다. 이 실험실 안에는 스피커가 하나 설치돼 있는데, 사람이 안에 있다면 고막이 터져버릴 정도로 큰 소리를 낼 수 있다. 이처럼 NASA 임무를 준비하는 엔지니어들은 엄청나게 큰 장비든 뭐든 넣을 수 있는 거대한 시설을 활용할 수 있다. 로켓 발사의 극심한 충격이나 심우주의 긴 여정 같은 극한 조건들을 재현하는 시설들도 마련돼 있다. 심지어 거대한 장비가 극한 조건을 견디는 상황까지 테스트할 수 있다.

하지만 차세대 우주망원경의 문제는 달랐다. 태양 차폐막 한쪽에서는 영상 수백 도에서 작동하고, 다른 쪽에서는 영하 수백 도에서 작동해야 하는 망원경을 어떻게 테스트할까? 항공기 격납고만 한 시험 시설에서 몇 미터 안에 수백 도씩 온도 차이가 나는 환경을 어떻게 만들까?

답은 뻔했다. 불가능하다.

"이 망원경이 우주에서 제대로 작동하리라는 걸 분석으로만 증명해야 합니다." 멘젤이 마틴에게 말했다.

분석은 실제 성능 테스트와 완전히 달랐다. 분석도 물리적 테스트가 필요하긴 하지만, 핵심은 수학이다. 망원경의 각 부분이 각자의 극한 조건에서 어떻게 작동할지 수학적 모델을 세우고, 각 부분을 따로따로 해당 조건에서 테스트한다. 프로젝트 한쪽 절반의 수학적 모델이 한 시험실 결과와 맞아떨어지고, 다른 절반의 수학적 모델이 또 다른 시험실 결과와 맞아떨어지면, 두 절반을 합친 전체 모델이 최종 시험 무대인 우주에서도 제대로 작동하길 바라는 수밖에 없다.

아폴로 16호와 17호 시스템 운영까지 포함해 오랜 경력을 가진 마틴은 멘젤에게 이런 아이디어를 정리해서 논문으로 써보라고 했다. 1998년 멘젤은 〈차세대 우주망원경을 위한 예비 검증 프로그램A Strawman Verification Program for the Next Generation Space Telescope〉이라는 논문을 발표했다. 이 논문으로 멘젤은 항공우주계의 솔로몬 같은 존재가 됐다. 아니, 솔로몬보다 훨씬 나았다. 아기를 죽이지 않고도 망원경의 두 부분을 깔끔하게 나눌 수 있었으니까.

결국 노스롭 그루먼이 차세대 망원경 개발 경쟁에서 이겼다. 그런데 록히드 마틴은 NASA 계약만 날린 게 아니었다. 마이크 멘젤까지 빼겼다. 노스롭 그루먼이 NASA 요청으로 멘젤을 스카우트한 것이다. 그런데 2004년에는 노스롭 그루먼도 멘젤을 잃었다. 이번에는 NASA가 직접 차세대 우주망원경 수석 시스템 엔지니어 자리를 제안했다. 민간 기업에서 정부로 옮기면서 멘젤은 15퍼센트 연봉 삭감을 감수해야 했지만, 그와 아내 캐서린은 경제적 손실보다는 전문가로서의 성장과 개인적 도전이 더 소중하다고 판단했다.

멘젤은 이렇게 자기 세대를 대표하는 천문학 프로젝트에 참여하게 됐다. 진정한 의미의 '임무'를 맡은 것이었다. 멘젤과 이 프로젝트에 뛰어든 수천 명의 과학자들이 처음부터 다 새로 시작할 필요는 없었다. 하지만 망원경만큼은 완전히 새로 설계하게 될 터였다.

그 뒤 20년간 벌어진 일들을 두고 과학적 혼란의 연속이었다고들 하지만, 그건 사실 우주적 규모의 대혼란을 엄청나게 축소해서 표현한 것이나 다름없다.

이 혼란의 상당 부분은 댄 골딘이 샌안토니오 볼룸에서 맨 앞줄 앉은 앨런 드레슬러를 콕 집으며 4미터짜리 우주망원경 비용 5억 달러를 가지고 6미터나 7미터짜리를 만들자고 은근히 밀어붙인 바로 그 순간부터 시작됐다. 5억 달러로 4미터짜리 망원경조차 제대로 만들기는 힘들었다. 천문학계의 다른 모든 사람들은 이 사실을 알고 있었다.

1989년 우주망원경과학연구소STScI 워크숍에서 한 천문학자는 10미터 우주망원경 비용을 38억 달러(2024년 기준 약 95억 달러)로 계산했다. 다음 해 일링워스도 1990년 천체물리학 10년 조사에 낸 논문에서 20억 달러는 필요하다고 봤다.

하지만 1996년 중반 앨런 드레슬러 위원회가 발표한 '허블 우주망원경 그리고 그 이후' 보고서는 골딘의 6~7미터 대안• 대신 여전히 4미터 망원경을 고집했다. 그리고 5억 달러

• 실제로 골딘은 4미터 옹호론자들을 '허블빠'라며 비아냥거렸다.

라는 예산 추정치는 더 이상 목표가 아니라 최소 출발점이 됐다. 보고서는 비용이 10억 달러까지 치솟을지도 모른다고 썼다.

골딘은 항공우주업계에서 비용 절감의 달인으로 이름을 날린 후 NASA로 부임했다. 대형 프로젝트를 "더 빠르게, 더 좋게, 더 싸게"라는 모토로 밀어붙이는 사람이었다. 프로젝트를 정시에(또는 그보다 더 빨리), 예산 안에서(또는 그보다 적은 금액으로) 끝내는 걸로 유명했다. 그가 NASA에 와서 이런 철학을 밀어붙이다가 NASA의 위험 회피 성향이 오히려 리스크를 높인다는 결론에 도달했다. 논리는 이랬다. NASA가 여러 목표를 가능한 적은 횟수의 비행에 몰아넣으려다 보니 의도치 않게 각각의 임무에 장비를 더 많이 집어넣도록 부추겼고, 그 바람에 대기 시간은 길어지고 무게는 무거워져서 우주선과 발사체 비용이 다 올라갔다.

그래도 우주탐사 업계의 공통된 생각은 이랬다. NASA 국장이 당신 분야를 뒤바꿀 프로젝트에 돈을 대겠다고 하면 일단 승낙하면 된다. 그러고 나중에 원래 예산이 얼마나 말도 안 되는지 NASA 국장조차 깨달으면 그때 돈을 더 받을 수 있을 거라고 기대하면 된다. 실제로 1998년까지 차세대 우주망원경 공식 예산은 10억 달러로 늘어났다. 드레슬러가 예상했던 최대치였다.

하지만 이 임무가 반드시 성사돼야 한다는 심리적 분위기를 만드는 것도 중요했다. 지아코니와 일링워스, 그리고 STScI 사람들이 1985년에 시작해서 1996년 허블 딥 필드로 다시 힘을 받은 캠페인 같이 말이다. 1997년 NASA는 임시로 태스크포스TF를 만들어 차세대 우주망원경의 비전과 임무에 대한 조언을 받기 시작했다. 1999년 NASA 천체물리학 국장 에드 웨일러Edward J. Weiler가 차세대 우주망원경을 NASA 우선순위로 공식 지정했고, 2001년 '핵심 천문학 및 천체물리학 향후 10년 계획all-important Astronomy and Astrophysics Decadal Survey'에서 이 지위를 확실히 보장받았다. 차세대 우주망원경이 NASA의 새로운 최우선 과제가 됐다.

이런 기정사실화 분위기에서 골딘 후임인 새 NASA 국장 숀 오키프Sean O'Keefe가 개발 중인 망원경 이름을 바꿨다. 오키프는 전 해군 장관이자 관리예산처 부처장 출신으로, 허블 우주망원경의 후속 망원경을 더 이상 차세대 우주망원경이라고 부르지 않겠다고 했다. 차세대 우주망원경은 제임스 웹 우주망원경James Webb Space Telescope이라는 새로운 이름을 얻게 됐다.

차세대 우주망원경 팀은 잠시 준비 작업을 멈췄다. 망원경이나 관측소의 이름을 유명한 과학자 이름으로 바꾸는 관행은 일상적인 일이었다. 갈릴레오, 카시니, 스피처, 찬드라, 허블 등이 대표적인 예다. 하지만 오키프는 두 가지 관례를 무시했다. 첫째, 기념할 인물을 선택할 때 과학계와 상의하지 않고 혼자 결정했다. 둘째, 그 인물이 과학자가 아닌 행정관, 바로 오키프의 전임자 중 한 명인 제임스 E. 웹James E. Webb이었다. 우주 경쟁의 전성기인 1961년부터 1968년까지 NASA 국장을 지낸 사람이었다.

그러고 나서 차세대, 이제는 제임스 웹 프로젝트 팀이 준비 작업을 재개했다. 2006년 《우주과학 리뷰Space Science Review》저널은 제임스 웹 우주망원경의 목적과 설계 특집호를 발행했다. 임무를 위한 임시 TF와 중간 TF를 이어받은 프로젝트 과학 워킹 그룹Science Working Group 멤버들이 쓴 핵심 논문에서 임무의 네 가지 목표를 최종 확정했는데, 이는 1995년 12월 댄 골딘의 사무실에서 앨런 드레슬러가 제시했던 아이디어의 연장선상에 있었다. 제임스 웹 우주망원경은 우주를 가로지르는 여행으로, 4막으로 구성된 장대한 이야기가 될 예정이었다.

- 행성계와 생명의 기원

- 별과 원시행성계의 탄생
- 은하의 형성
- 암흑 시대의 끝 그리고 최초의 빛과 재이온화 시기

얼마 지나지 않아, 제임스 웹 우주 망원경은 다른 의미에서 너무나 유명한 프로젝트가 됐다. 물론 그 일은 일어날 수밖에 없는 일이긴 했다. 하지만 예상했던 것 보다 훨씬 더 통제 불가능한 방향으로 진행이 됐다. 끝없는 일정의 지연과 그에 따른 예산 폭증이었다.

사실 2000년까지 이미 허블 우주망원경의 총 비용도 인플레이션을 감안하여 40억 달러나 됐다.

하지만 '더 빠르게, 더 좋게, 더 싸게'라는 기조를 가지고 NASA는 접근했기 때문에 당시에도 여전히 허블 우주망원경 후속 망원경인 차세대 우주망원경이 허블보다 30억 달러나 적게 들 거라고 봤다. 다시 말해 제임스 웹 우주망원경이 2001년 수립한 '핵심 천문학 및 천체물리학 향후 10년 계획'에서 정한 10억 달러 예산을 맞출 수 있다는 계산이었다. 그런데 제임스 웹 우주망원경의 발사 일정과 예산이 처음부터 현실성이 없었기 때문에, 매년 NASA는 미국 관리예산실U.S.

Office of Management and Budget에 프로젝트를 계속하려면 돈이 얼마나 더 필요한지 설명해야 했다(드레슬러는 이걸 "거짓말"이라고 했다).

이런 상황에서 시간과 돈을 터무니없이 잘못 예측하는 것은 불가피한 일이었다. 제임스 웹 우주망원경을 만드는 엔지니어들은 그 누구도 해본 적 없는 복잡하고 혁신적인 기술들을 만들어내야 했다. 접었다 펼 수 있는 25제곱미터 거울이나, 다섯 겹으로 된 태양 차폐막 같은 것들 말이다. 심지어 태양 차폐막의 각 층은 테니스장만큼 길면서 휴지만큼 얇아야 했다.

그래도 제임스 웹 우주망원경 제작을 담당하는 관리자들은 비용을 아낄 방법을 찾았다. 2007년 NASA는 1990년대 후반부터 논의해온 캐나다 우주국Canadian Space Agency, CSA, 유럽 우주국European Space Agency, ESA과의 협정을 최종 매듭지었다. 망원경 관측 시간을 나눠 쓰는 대신 두 기관이 제임스 웹 우주망원경의 핵심 장비들을 만들어서 제공하기로 한 것이다. 거기다 유럽 우주국은 프랑스령 기아나 발사장과 망원경을 우주로 실어나를 아리안 5 로켓까지 제공하기로 했다.

그런데도 발사 일정과 예산을 터무니없이 낮게 잡는 게 제임스 웹 우주망원경 프로젝트 초기 10년 동안 그냥 그렇게 과정의 일부가 돼버리면서 당연한 일이 됐다. 한 번은 NASA가 장비 업그레이드는 승인해놓고 2010년 발사 일정은 그대로 뒀다. 업그레이드 설계와 구현이 시간이 하나도 안 든다는 듯이 말이다.

제임스 웹 우주망원경이 자원을 점점 더 많이 잡아먹으면서, NASA의 다른 프로젝트 책임자들과 연구진들은 자기 꿈이 뒤로 밀리는 걸 속수무책으로 지켜봐야 했다. 뿐만 아니라 커리어도 덩달아 망가져만 갔다. 2010년까지 제임스 웹 우주망원경 예산은 50억 달러로 치솟았고 발사 일정은 2014년으로 또 미뤄졌다. 2010년 이루어진 향후 10년 계획에서도 광시야 적외선 탐사 망원경을 최우선 과제로 선정했지만, 이 프로젝트 책임자들은 축하 파티를 벌일 수가 없었다. 자신들의 프로젝트 개발이 이전 10년 조사의 최우선 과제였던 제임스 웹 우주망원경이 발사될 때까지 기다려야 한다는 걸 알게 됐기 때문이다. 언제가 될지는 아무도 몰랐다. 2010년 《네이처》 헤드라인은 이 상황을 자기 자신을 갉아먹는 상황이라고 표현했다. 천문학을 집어삼켜버린 망원경이라고.

2010년 6월 29일, 메릴랜드주 민주당 상원의원 바바라 미쿨스키Barbara Mikulski가 NASA에 서신을 보냈다. 메릴랜드주에는 볼티모어의 STScI와 그린벨트의 NASA 고다드 우주비행센터가 있었고, 미쿨스키는 NASA 예산 감시 소위원회 위원장이었다. "제임스 웹 우주망원경의의 비용이 계속 치솟는 것이 심각하게 우려됩니다." 미쿨스키가 서신에 적었다. "다시 말해서, NASA는 대규모 프로그램의 비용과 일정을 최고 수준으로 관리해야 합니다."

미쿨스키의 '요청'은 NASA가 "제임스 웹 우주망원경에 대한 독립적이고 포괄적인 검토"를 시작하는 것이었다. 그리고 빨리 하라고 했다. 30일 안에 착수하라고, "이 패널 의견이 NASA 2011 회계연도 예산 심의에서 핵심이 될 것"이라고도 했다.

찰스 볼든Charles Bolden은 NASA 국장이자 네 번의 우주왕복선 임무에 참여한 전직 우주인이었다. 두 번은 허블 우주망원경 배치 임무를 포함하는 조종사로, 나머지 두 번은 임무 사령관으로 활동했다. 그는 세 문단짜리 답변으로 미쿨스키의 서신에 "알겠습니다"라고 답했다. 답변이 짧다는 것 자체가 굴복의 신호였다. 더 이상 할 말이 없다는 뜻이었다. 위원회는 미쿨스키가 요청한 "독립적이고 포괄적인 검토"라는 표현을 그대로 따서 독립 종합 검토 위원회Independent Comprehensive Review Panel, ICRP라는 이름이 붙었다.

가스 일링워스는 위원회에서 유일한 천문학자였다(사실 유일한 과학자이기도 했다). 일링워스는 그가 위원회에 참여하게 된 이유는 대형 NASA 프로젝트에 익숙하고, 과학계와 그 목표를 잘 알며, 1989년 연구소 워크숍에 달 망원경 논의를 끼워넣으라는 NASA 요구까지 거슬러 올라가는 거대 프로젝트의 정치적 역학에 능통했기 때문이라고 생각했다. 최근 몇 년간 일링워스는 미국 국립과학재단National Science Foundation, NSF의 천문학 및 천체물리학 자문위원회 위원장을 맡고 있었다. 이 직책 덕분에 NASA 최고위급 관리진들과 직접 논의할 수 있었고, 국회의사당에서 정치인들과 그들의 보좌진을 만나기도 했다. 심지어 한 번은 의회 위원회에 직접 출석해서 미국의 천문학 프로그램 현황을 설명하는 자리에도 참석한 적이 있었다.

검토위원회는 2010년 11월 의회에 독립 종합 검토 보고서를 제출했다. 보고서는 일정 지연과 예산 초과의 근본 원인을 오랜 기간 누적된 관리 부실로 진단했다. "국장급과 기관 차원에서 비용 및 프로그램 분석 업무가 필요한 전문성과 권한 없이 이루어지고 있다"며, "그 결과 시정 조치를 요구하는 목소리가 없었고, 제임스 웹 우주망원경 프로젝트의 잘못된 관리 방식이 너무 오랫동안 아무런 문제제기 없이 계속됐다"고 지적했다. 제임스 웹 우주망원경 관리진들은 예산을 터무니없이 낮게 잡아놓고 부족하면 다음 회기에 추가 예산을 요청하면 그만이라고 생각하는 거의 병적인 습관을 보여왔는데, 이것이 결국 발목을 잡았다.

검토위원회는 더 이상 NASA의 비현실적인 낙관론에 동조하지 않기로 했다. 검토 과정 막바지인 이 시점에서도 NASA는 여전히 지나치게 낙관적이었다. NASA가 내놓은 "2014년 6월 발사 확률 70%, 총 생애주기 비용 약 50억 달러"라는 추정치를 들며, 검토위원회는 과연 이 프로젝트가 그런 일정과 예산을 지킬 수 있겠느냐고 되물었다. 답은 분명했다. "절대 불가능하다." 대신 보고서는 '최초 발사일'을 2015년 9월로, '최소 비용'을 65억 달러로 예상한다고 밝혔다.

미쿨스키가 2010년 11월을 보고서 제출 마감일로 정한 데는 정치적 계산이 있었다. 11월 2일 중간선거에서 유권자들이 두 달 후 새로 시작할 의회의 판도를 결정하기 때문이었다. 민주당이 다수당을 유지할지, 아니면 공화당이 다수당이 될지가 결정되는 중요한 선거였다. 선거 결과는 공화당의 압도적 승리였다. 제임스 웹 우주망원경 프로젝트 팀에게는 더욱 암울한 소식일 수밖에 없었다. 당선된 공화당 의원들이 일반적인 공화당원이 아니라 티 파티Tea Party 소속

이었기 때문이다. 이들은 연방정부 예산을 대폭 줄여야 한다고 주장하는 극단적 재정 보수주의자들이었다. 그나마 하원은 아직 6주 더 민주당이 장악하고 있었기 때문에 제임스 웹 우주망원경 예산을 일단은 그대로 승인했다. 하지만 NASA는 티 파티 공화당원들이 대거 당선된 새 의회에서 어떤 일이 벌어질지 알 수 없었다. 당장 해야 할 일은 검토위원회가 지적한 문제점들을 하나씩 해결해 나가는 것이었다.

첫 번째 문제인 관리 부실 해결책으로 NASA는 고다드 우주비행센터의 프로젝트 매니저를 해임했다. 일링워스는 개인적으로 그 매니저가 주어진 상황에서는 최선을 다했다고 생각했지만, 정치적으로는 누군가가 책임을 져야 한다는 현실도 받아들였다. 결국 누군가는 책임을 지고 물러나야 했다. 다른 고위직들도 연달아 교체됐다. 천체물리학 국장, 프로그램 임원 등이 줄줄이 자리에서 물러났다. 이런 대대적인 인사 교체 때문에 제임스 웹 우주망원경 관련자들 사이에서는 ICRP(독립적 종합 검토위원회)를 비꼬아 ICRAP(독립적 종합 숙청 위원회)라고 부르는 사람들도 생겨났다.

두 번째 문제인 비용 증가와 일정 지연을 해결하는 일은 훨씬 까다로웠다. 검토위원회는 새로 부임하는 운영진이 처음부터 다시 검토해야 한다고 했다. 검토위원회는 너무 짧은 시간 안에 급하게 평가를 마칠 수밖에 없었고, 일링워스 같은 전문가가 참여했더라도 프로젝트의 복잡한 세부사항을 모두 파악하기에는 한계가 있었다는 것이 이유였다. 새로 부임한 제임스 웹 우주망원경 운영진은 직원들과 면밀히 검토한 결과 충격적인 새 수치를 내놓았다. 발사가 가능한 연도는 2015년이 아니라 2018년, 비용은 65억 달러가 아니라 88억 달러가 든다는 것이었다.

이에 참다못한 의원이 나섰다. 2011년 7월, 버지니아주 공화당 소속 프랭크 울프Frank Wolf 의원이 프로젝트를 아예 중단하라고 목소리를 높였다. 그는 하원의 상업·사법·과학 세출위원회 위원장이었기 때문에 그의 발언은 단순한 개인 의견이 아니었다.

제임스 웹 우주망원경 프로젝트 관련자 대부분은 울프 의원의 발언을 허세라고 여겼다. 하지만 불안해하는 사람들도 있었다. 과거 사례가 좋지 않았기 때문이다. 의회가 이렇게 큰 과학 프로젝트를 정말 취소할 리 없다고 마음놓을 수는 없었다. 실제로 그런 일이 벌어진 적이 있었으니까. 1993년 10월, 빌 클린턴 대통령은 세계 최강 입자가속기로 건설되던 초전도 슈퍼 충돌기Superconducting Super Collider 프로젝트 중단 법안에 서명했다. 이미 서명하는 순간까지 20억 달러를 썼고, 텍사스주 왁사하치Waxahachie 근처 평원 지하에는 총 82킬로미터 중 31킬로미터나 되는 터널을 이미 뚫어놓은 상태였다. 이 입자가속기가 과학계에 엄청난 혁신적인 돌파구를 가져다줄 것이라는 약속도 소용없었다. 의회는 초전도 슈퍼가속기 프로젝트 예산이 걷잡을 수 없이 늘어났다고 보고 칼을 댔다. 이 결정은 미국 입자물리학계를 초토화시켰다. 미국이 차지할 수 있었던 세계 최고 입자물리학 연구 지위는 결국 예정됐던 초전도 충돌기보다 훨씬 작은 장치인 프랑스-스위스 국경에서 건설 중이던 대형 강입자 충돌기Large Hadron Collider(둘레 27킬로미터)에게 넘어갔다.

2011년 11월, 의회가 제임스 웹 우주망원경의 운명을 결정했다. 예산 지원을 계속한다고 결정했지만, 절대 넘어서는 안 되는 한계선을 그었다.

80억 달러. 그 이상은 프로젝트 취소였다.

"취소하고 싶으면 하세요. 상관없어요." 마이크 멘젤은 몇 년 동안 팀원들에게 이렇게 말했다. "걱정할 필요 없고, 신경 쓸 필요도 없습니다."

멘젤은 정기적으로 검토위원회에 출석해야 했다. 허블 우주망원경 때부터 오랫동안 함께 일해온 동료 피터 스톡먼Peter Stockman은 이런 자리를 뻔한 의례적 행사라고 했다. 멘젤은 그때마다 왜 프로젝트가 이렇게 오래 걸리고 비용이 많이 드는지 해명해야 했다. 멘젤이 검토위원회에서 했던 답변은 1990년대 후반 록히드 마틴에서 프랭크 마틴이 처음 망원경 설계도를 보여줬을 때와 별반 다르지 않았다.

수학적 분석만으로 검증하는 방식, 즉 태양 차폐막 한쪽에 대한 수학 모델을 만들고 다른 쪽에 대한 수학 모델도 따로 만든 다음 두 모델이 들어맞는지 확인하는 방식에는 한계가 있다는 게 멘젤의 생각이었다. 이런 방법은 사람이 실수할 가능성이 크다. 차라리 전체 장비를 몇 층 높이의 거대한 실험실에 넣고 죽어라 흔들어보는 게 낫다는 것이 멘젤의 의견이었다. 물론 그 실험에서 실패하면 프로젝트가 정말 끝날 수도 있었지만 말이다.

멘젤이 검토위원회에서 항상 강조한 것은 '안전 여유도margin'였다. 단순한 오차 범위가 아니라 오차 범위 위에 또 다른 오차 범위를 둬야 한다는 뜻이었다. "여기서는 일반적인 원칙이 통하지 않습니다." 멘젤은 늘 이렇게 말했다. "완전히 새로운 영역이거든요." 예상할 수 있는 문제들도 있지만, 더 중요한 건 예상조차 못하는 위험들이 도사리고 있다는 것이었다. 제임스 웹 우주망원경 팀이 "모르는 것도 모르는 것들"이라고 부르는, 상상조차 할 수 없는 문제들이었다.*

"안전 여유도가 얼마나 필요합니까?" 프로그램 매니저들이 수시로 멘젤에게 물었다.

"가능한 많이요." 멘젤의 대답은 늘 똑같았다.

예산 초과, 관료주의의 무능함, 의회 감시, 검토위원회 심사, 우주망원경을 밑바닥부터 다시 테스트하는 과정까지. 제임스 웹 우주망원경은 이 모든 시련을 버텨냈다. 하지만 2010년대 내내 예산과 발사 일정을 계속 망쳐놓은 또 다른 요인이 있었다. 멘젤이 "말도 안 되는 실수들"이라고 한 문제들이었다.

그런 실수 중 하나가 잘못된 배선 연결로 시제품의 전자 부품들을 태워먹은 사건이었다. 추진제용 압력 변환기도 그 바람에 고장 났는데, 이건 자동차로 치면 연료 게이지 같은

* 이 표현은 도널드 럼스펠드Donald Rumsfeld 미국 국방장관이 이라크 전쟁 당시 정보 수집의 어려움을 설명하며 한 말에서 따온 것이다. 2002년 6월 6일 그는 이렇게 말했다. "여기서 말하고자 하는 바가 무엇인가? 우리가 아는 것들이 있다. 우리가 확실히 안다고 생각하는 것들이다. 우리가 모른다는 걸 아는 것들도 있다. 즉, 모른다는 사실 자체는 알고 있는 것들이다. 하지만 우리가 모른다는 것조차 모르는 것들도 있다. 바로 그런 것들을 말하려는 것이다." 브뤼셀 NATO 본부 브리핑룸에서는 그때부터 비웃음이 터져나왔고, 그 이후로도 계속됐다. 하지만 럼스펠드 말이 맞았다. "모르는 것도 모르는 것들"은 전쟁은 물론 과학에서도 반드시 고려해야 할 기본 요소다.

역할을 하는 장치였다. 이 장치 없이 발사해도 될까? 멘젤 팀은 심각하게 고민했다. 답은 명확했다. "절대 안 된다." 결국 새로 만들어 교체할 수밖에 없었다.

또 다른 바보 같은 실수도 있었다. 부적절한 용매를 사용해서 망원경의 추진 밸브를 손상시켰다. 태양 차폐막에 구멍이 일곱 개나 뚫린 일도 있었다. 태양 차폐막 진동 테스트에서는 수십 개의 볼트가 빠져나와서 시험실 안에서 이리저리 튀어다니는 사고가 벌어졌다. 알고 보니 볼트의 나사산이 너무 적었던 게 원인이었다. 팀원들은 그 후 몇 달 동안 시설 구석구석에 굴러간 볼트들을 찾아 헤맸다.

이런 사고들 때문에 발사일이 2018년 10월에서 2019년 6월로 밀렸다. 미국 회계감사원은 지연 사태를 조사한 뒤 2019년 6월 발사도 현실성이 떨어진다고 경고했다. 실제로 회계감사원이 이런 분석을 내놓은 지 한 달 만에 NASA는 발사를 2020년 봄으로 또다시 연기한다고 발표했다. 동시에 제임스 웹 우주망원경이 의회가 정한 한계선인 80억 달러 상한선에 도달했고, 망원경을 발사하려면 이 금액을 초과할 수밖에 없다고 인정했다.

2019년 1월 의회는 8억 달러를 추가로 승인했다. 총 지출액이 88억 달러가 된 것이다. 함께 발표된 보고서는 신랄했다. “NASA와 계약업체들의 관리 부실, 감독 소홀, 그리고 기본기조차 안 되는 작업 수준에 깊은 실망감을 느낀다”고 보고서는 질타했다. “NASA와 협력업체들은 의회 예산을 당연한 권리로 여기는 것 같다. 일정도 예산도 지키지 못해도 별 상관없다고 생각하는 듯하다.”

의회는 또다시 프로젝트 존속을 위협했다. “NASA는 이 예산 한도를 반드시 지켜야 한다. 그렇지 않으면 제임스 웹 우주망원경 프로젝트는 비용을 줄이든지 아예 취소하든지 해야 할 것이다.”

“그냥 신경 쓰지 마세요.” 멘젤은 팀원들에게 말했다. “그들이 뭐라고 하든 상관없습니다. 문제가 보이면 바로 말하고, 미뤄야 하면 미뤄야죠.” 그는 발사 직전 준비 과정을 낙하산 접는 일에 비유했다. “작은 실수 하나로 모든 게 끝장날 수 있거든요.”

그때 코로나19가 터졌다. 작업이 지연되면서 2020년 7월에는 망원경 발사가 아무리 빨라도 2021년 10월 31일은 돼야 한다고 발표했다.

2년 동안 엔지니어들은 패서디나 근처 NASA 제트추진연구소에서 제임스 웹 우주망원경 부품들을 조립해왔다. 이제 망원경을 롱비치에서 남미 북동쪽 연안 프랑스령 기아나 쿠루의 유럽 우주기지 발사대로 옮겨야 할 시간이었다. 지구 자전이 로켓 발사에 추진력을 더해주는데, 적도에 가까울수록 그 효과가 커진다. 쿠루는 적도에서 480킬로미터 정도 떨어진 곳에 있어 이런 이점을 누릴 수 있다. 하지만 망원경을 일반 화물처럼 실어 보낼 수는 없었다. 온도와 습도를 조절하는 특수 컨테이너가 필요했다. 하지만 화물선 자체는 정반대여야 했다. 최대한 평범하고 눈에 띄지 않게 만들어야 했다. 가능성은 희박하지만 해적들이 배를 나포해서 88억 달러짜리 화물을 인질로 잡을 위험을 막기 위해서였다.

망원경은 16일간 9,330킬로미터 여정을 무사히 버텼다. 멕시코 서해안을 따라 내려가고, 파나마 운하를 통과하고, 쿠루 강을 거슬러 올라가 파리아카보 항구에 도착한 뒤 프랑스령 기아나 발사장 근처 처리 시설에 들어갈 때까지 무사했다. 그런데 그때 사고가 났다. 고장력 클램프 밴드가 떨어져 나가면서 망원경에 충격을 가한 것이다. 검사해보니 손상은 없었지만, 12월 말 발사 일정이 며칠 더 늦춰졌다.

마지막 몇 주 동안에는 망원경 이름까지 골치를 썩였다. 홍보상 문제였다. 제임스 웹이라는 사람이 1940년대 후반과 1950년대 초반 국무부 차관으로, 그리고 1960년대 NASA 국장으로 일했던 시기 자체가 문제였다. 이때가 역사학자들이 '라벤더 공포lavender scare'라고 부르는 시대와 겹쳤기 때문이다. 동성애자 연방공무원들을 색출해서 내쫓은 시기였는데, 이들이 협박당할 위험이 있어 보안에 위험하다는 게 표면적 이유였다. 제임스 웹이 직접 개입했다는 확실한 증거는 별로 없었다. 하지만 관료주의와 차별 사이의 연결고리가 충분히 의심스러워서 일부 천문학자들은 불편함을 감수했다. 한 음절로 간단한 '웹' 대신 여덟 음절로 복잡한 'JWST'로만 망원경을 부르기로 한 것이다.••

지난 수십 년간 온갖 우여곡절을 겪었지만, 이 마지막 단계까지 올 수 있었던 건 실제로는 많은 일들이 제대로 진행됐기 때문이었다. 혼란의 한복판에 있거나 바로 옆에서 지켜보고 있으면 많은 일들이 실제로는 제대로 돌아가고 있다는 사실조차 놓치기 쉽다. 프로젝트 관련자들 역시 얼마나 많은 일이 제대로 진행됐는지 확실히 알 수 없었다. 제임스 웹 우주망원경을 실은 아리안 5 로켓이 성공적으로 발사되고, 언론이 즐겨 쓰는 표현으로 '6개월간의 공포'를 무사히 견뎌내야만 비로소 실제로 얼마나 많은 것들이 제대로 작동했는지 알 수 있는 일이었다. 이 기간 동안 망원경은 NASA

•• 비과학자들에게 익숙해진 것은 JWST가 아니라 웹이라는 명칭이다. 이 책은 이런 대중적인 여론을 반영했다.

용어로 344개의 '개별 위험 요인'을 통과해야 했다. 이 프로젝트만을 위해 개발된 혁신적인 발명과 기술들이 실제 우주에서 정말 작동하는지 확인하는 과정들이었는데, 이 중 어느 하나라도 실패하면 전체 프로젝트가 물거품이 될 수 있었다.

하지만 STScI와 NASA 과학자들이 가장 걱정한 건 첫 6개월이 아닌 첫 30일이었다. 아니 더 정확히는 첫 2주였다. 제임스 웹 우주망원경이 가장 까다로운 임무들을 수행해야 하는 시기였기 때문이다.

2021년 12월 24일 강풍 예보 때문에 발사가 또 한 번 연기됐다. 12월 25일 아침, 연구소 2층 관제센터, 아래층 강당, 전 세계 항공우주 시설들, 그리고 지구 곳곳의 컴퓨터 화면 앞에서 사람들이 모여 숨을 죽이고 발사를 기다렸다.

오전 7시 20분. 앞으로 제임스 웹 우주망원경과의 모든 통신에서 기준이 될 볼티모어 시간으로 오전 7시 20분에 유럽 우주국이 주관하는 모든 로켓 발사의 상징과도 같은 카운트다운이 시작됐다.

10, 9, 8, 7, 6, 5, 4, 3, 2, 1, … 발사!

멘젤에게 제임스 웹 우주망원경이 이제 겪어야 하는 '2주간의 공포'는 인생에서 가장 괴로운 2주는 아니었다. 그보다 더 끔찍한 2주를 멘젤은 이미 겪어본 적이 있었기 때문이다.

그때는 공포가 끝없이 이어졌다. 매일매일 조금의 안식조차 얻지 못했다. 하지만 1주일이 지났을 때 작은 희소식이 들려왔다. 아홉 살 아들의 항암치료가 효과를 보이기 시작한 것이다. 그래도 이것만으로는 희미한 가능성만 보일 뿐이었다. 안심할 단계는 아니었다. 불안한 날들이 계속 이어졌다. 할 수 있는 건 아무것도 없이 그저 기다려야만 하는, 끝없이 길게 느껴지는 시간이었다. 2주가 지나서야 멘젤은 비로소 안심할 수 있었다. 그때가 되어서야 의사가 아들의 암이 크게 줄어들었다고 말해줬기 때문이다.

멘젤은 두 상황이 너무 비슷해서 소름이 돋았다. 2021년 연말 연휴철에 그는 가까운 친구들에게 이렇게 말했다. "내 인생에서 두 번째로 조마조마했던 2주였어." 하지만 아들의 병을 겪었던 경험 덕분에 망원경 문제로 최악의 상황이 와도 침착하게 받아들일 수 있었다. 그리고 의회가 자신의 연구 인생 절반을 바친 프로젝트를 중단시킬 수도 있다는 상황에서도 같은 이유로 차분한 마음을 유지할 수 있었다. 멘젤은 이보다 더 힘든 일을 이미 겪어봤으니까.

물론 멘젤은 더 좋은 일도 경험했다. 아들의 백혈병이 나아서 건강을 되찾았다. 우주에서 제임스 웹 우주망원경이 보낸 첫 2주가 멘젤이 겪었던 일만큼 절박한 것은 아니었지만, 그래도 정말 대단한 일들이 벌어지고 있었다.

발사 자체는 완벽했다. 발사 30분 후 망원경이 발사체에서 분리되는 과정도 완벽했다. 이런 과정은 잘못되면 재앙이 될 수 있는 과정이었지만, 발사체가 우주로 날아가 목표한 고도에서 탑재물이 발사체에서 분리되는 과정은 통상적인 절차였다. 제임스 웹 망원경 엔지니어링 기술의 진가를 보여줄 진짜 시험은 망원경이 발사체에서 분리된 지 3분 후부터였다. 바로 배터리를 절약해줄 태양 전지판을 펼치는 작업이었다.

STScI 2층에 있는 임무관제센터Mission Operations Center, MOC는 두 개의 방으로 나뉘어 있었다. 앞쪽 방에는 50여 명의 관제사들이 컴퓨터 모니터 앞에 앉아 망원경에 지시를 내리고 로켓의 실시간 영상을 지켜보고 있었다. 유리창 너머 뒤쪽 방에는 멘젤을 포함한 엔지니어들이 자리를 잡고 있었다. 멘젤은 이미 팀원들에게 미리 설명을 해 두었다. 태양 전지판이 펼쳐질 때는 태양 전지판 관련 장치들이 태양 반대편을 향하고 있을 거라고.

"그럼 우리는 못 본다는 얘기군요?" 멘젤 어깨 너머로 화면을 보던 누군가가 물었다.

멘젤이 고개를 끄덕였다.

"마이크!" 희미한 외침이 들렸다.

멘젤이 돌아보니 프로젝트 부 책임자 존 더닝John Durning이 유리창 밖에서 부르고 있었다. 멘젤이 동료를 넘어 친구로 여기는 사람이었다. 더닝이 실시간 영상을 보여주는 모니터를 가리키며 손짓했다.

"이것 좀 봐요!" 더닝이 소리쳤다.

뭐가? 왜? 전지판은 아직 1, 2분은 더 있어야 펼쳐질 텐데?

멘젤이 화면을 보자 화면은 완전히 하얗게 날아가 있었다. 빛이 과도하게 들어와서 화면에 아무것도 보이지 않았다.

망원경이 태양을 향하고 있었다.

"젠장." 멘젤이 내뱉었다.

멘젤은 망원경이 분리 후 3분 동안 흔들릴 거라는 가정하에 태양 전지판이 언제 펴질지를 예상했었다. 우주 엔지니어들이 '팁오프율tip off rate'이라고 부르는 현상 때문이었다. 쉽게 말해 우주망원경이 발사체에서 분리될 때, 분리되는 힘으로 인해 망원경이 회전하는 속도를 의미한다. 망원경이 충분히 안정돼야만 탑재된 컴퓨터가 태양전지판을 전개하도록 설계돼 있었다. 하지만 화면이 하얗게 날아갔다는 것은 예상보다 일찍 전지판이 펼쳐졌다는 뜻이었다. 다시 말해 망원경이 로켓에서 분리되는 과정이 예상보다 훨씬 매끄러웠다는 의미였다.

발사 30분 만에 망원경은 이미 연료를 상당히 절약했다. '안전 여유도'가 더 생긴 것이다!

발사 12시간 후, 계획대로 첫 번째 궤도 조정을 했다. 이틀 후에는 두 번째 조정이 있었다. 그로부터 8일 후, 망원경이 지구에서 80만 킬로미터 떨어진 곳에 도착했다, 목적지 절반 지점이었다. 그리고 드디어 차양막의 전개가 시작됐다. 정확히는 차양막을 펼치는 작업의 첫 번째 단계였다.

제임스 웹 우주망원경의 차양막은 이번 임무에서만 쓰는 완전히 특별한 장치였다. 망원경에서 태양 쪽은 섭씨 110도까지 올라가지만, 반대쪽은 섭씨 영하 237도까지 내려가야 했다. 온도 차이가 347도나 나야만 했다. 제임스 웹 개발진들은 알루미늄과 실리콘을 입힌 5겹 구조로 차양막을 만들었다. 태양 쪽 첫 번째 막의 두께는 0.05밀리미터였다. 나머지 네 겹은 첫 번째보다 두 배 두꺼웠지만, 그래봤자 얼마나 두껍겠는가. 사람 머리카락 굵기의 60분의 1에서 30분의 1로 늘어난 것뿐이다. 첫 번째 막부터 마지막 막까지 간격은 총 4미터였다. 이 다섯 겹의 차양막 전체가 만들어내는 자외선 차단 효과는 무려 100만으로, 우리가 바르는 선크림의 차단지수인 SPF 수치로 1,000,000과 같다. 다시 말해, 태양 복사 에너지의 99.9999% 이상을 차단할 수 있다는 뜻이다. 차양막을 모두 펼치면 첫 번째 막은 가로 21미터, 세로 14미터가 된다. 나머지 막들은 조금씩 더 작지만 거의 비슷한 크기였다.

12월 31일, 차양막 펼치는 작업을 시작했다. 총 107개의 장치를 여러 개씩 묶어서 순서대로 작동시켜야 했다. 동작을 감시하는 센서를 확인한 결과 첫 93개는 예상대로 작동했다. 그런데 마지막 14개 장치가 문제였다. 작동하지 않았다.

임무관제센터 뒤쪽 방에서 멘젤과 팀원들이 모니터를 뚫어져라 쳐다보고 있었다. 이들은 모두 전문가였기에, 겉으로는 침착함을 유지했다. 하지만 속으로는 짐작하고 있었다. 최악의 시나리오가 벌어진 것이다. 마지막 펼침 장치들이 정말로 고장 났다면 차양막이 찢어질 위험이 있었고, 그렇게 되면 망원경도, 1억 시간의 인력도, 30년이 넘는 세월도, 90억 달러가 넘는 돈도, 그리고 아마 NASA의 운명까지도 모두 나락으로 떨어질 것이었다.

몇 분이 지났다.

아무 일도 일어나지 않았다.

30분이 지났다.

여전히 아무일도 없는 것처럼 보였다. 전문가들이 서서 프로답게 행동하며 불안해하지 않으려고 애쓰는 것 말고는 달라진 게 아무것도 없었다.

그런데 (실패했을 수도 있는) 차양막 펼치는 과정이 시작된 지 한 시간쯤 지나서, 멘젤 뒤에서 누군가가 말했다.

"잠깐만요." 한 열 제어 엔지니어가 입을 뗐다. 그는 고장났을 거라고 생각했던 망원경의 펼침 장치 근처에 달려 있었던 열 측정 센서 데이터를 확인하고 있었다. 임무 관제센터에서 107번째 장치를 작동시킨 바로 그 순간, 근처 열 측정 센서의 온도가 뜨거운 상태에서 차가운 상태로 확 바뀐 것을 확인했다. 뭔가가 열 측정 센서를 태양으로부터 가렸다는 뜻이었다. 엔지니어는 그 그림자를 만든 게 바로 그 장치가 아니라면 또 뭐가 있겠냐고 말했다. 말아올리는 덮개가 제대로 펼쳐졌다면 정확히 그 자리에서 태양열을 막아냈을 것이기 때문이다.

아무도 실제로 우주망원경의 차양막이 제대로 펼쳐지는 모습을 보지는 못했지만, 팀은 성공했다고 판단할 수 있었다. 임무가 끝날 뻔한 위기 상황이었지만, 알고 보니 그냥 심장 쫄깃하게 만든 작은 해프닝이었을 뿐이었다.

그 후 몇 달간은 대부분 이런 식이었다.

2022년 1월 4일, 드디어 망원경의 부경이 펼쳐졌다. "우리는 지구에서 96만 킬로미터 떨어진 곳에 있습니다." 제임스 웹 프로젝트 매니저 빌 옥스Bill Ochs가 볼티모어 임무관제센터에서 팀원들에게 이렇게 선언했다. "그리고 이제 우리에게는 제임스 웹 우주망원경이 있습니다!"

사실 정확히 맞는 말은 아니었다. 임무관제센터에 있는 모든 사람들은 당연히 반사 망원경의 원리를 잘 알고 있었다. 반사 망원경은 천체에서 들어온 빛이 망원경의 주경에 닿은 다음, 더 작은 부경으로 반사된다. 그러면 부경이 그 빛을 모아 다시 반사시켜 관측 장비로 보낸다. 부경을 펼쳤다고 해서, 모든 것이 다 준비됐다는 것이 아님은 모두가 잘 알고 있었다. 주경까지 펼쳐야 비로소 진짜 망원경이 완성되는 것이기 때문이다. 하지만 옥스가 "우리에게는 제임스 웹 우주망원경이 있습니다"라고 말한 뜻은 모든 사람이 공감할 수 있었다.

1월 6일과 7일, 주경이 드디어 펼쳐졌다. 정확히는 18개의 육각형 거울이 하나의 거대한 거울처럼 작동하도록 펼쳐졌다. 이런 주경의 분할 설계가 천문학의 핵심이 된 건 1990년대 초부터다. 하나로 된 거울로는 더 이상 한계를 뛰어넘을 수 없었기 때문이다. 거울이 클수록 더 많은 빛을 모을 수 있지만, 더 큰 문제도 생긴다. 거울이 커질수록 연마 과정이 훨씬 어려워지고 비용도 치솟는다. 거울을 떠받치는 구조물도 점점 더 무거워지고 비싸진다. 주경의 직경이 6~8미터 정도가 되자 기술적으로 막다른 길에 다다랐다. 설령 기술적으로 만들 수 있어도 비용이 천문학적으로 증가했다. 그래서 나온 해결책이 분할 거울이다. 작은 육각형 거울들을 벌집 모양으로 배치해서 모자이크처럼 만드는 방식이다. 이런 분할 거울을 본격적으로 도입한 첫 번째 망원경이 바로 하와이 빅아일랜드의 휴화산 꼭대기 마우나케아 천문대Maunakea Observatories에 세워진 켁 IKeck I(1993년)과 켁 II(1996년)다. 그 이후 분할 거울은 대형 천문대들의 표준이 됐다. 제임스 웹 우주망원경도 당연히 이 방식을 선택했다.

제임스 웹의 주경은 직경 8미터보다 작아서 기술적으로 만들 수 있는 범위 안에 있긴 했지만, 기존 방식의 유리로 만든 단일 거울은 발사하기에 너무 무거웠다. 18개로 나누어도 마찬가지였다. 그래서 제임스 웹 엔지니어들은 전 NASA 국장이었던 골딘의 제안을 일부 받아들여 상대적으로 가볍지만 단단한 베릴륨으로 거울을 만들고 금으로 코팅하기로 했다.

하지만 설계 과정 중에 가장 어려운 건 정작 거울의 무게가 아니었다. 진짜 문제는 크기였다. 제임스 웹 우주망원경의 주경을 모두 합치면 지름이 6.5미터가 넘었다. 허블 우주망원경 거울의 지름 2.4미터의 거의 세 배에 가까운 크기였다. 로켓의 페어링, 즉 탑재물을 담는 앞쪽 덮개에 들어가기엔 너무 컸다. 그래서 엔지니어들이 기발한 해결책을 생각해냈다. 벌집 구조를 여러 부분으로 나누어서 지구에서는 접어놓고, 우주에서 종이접기처럼 펼치는 방식이었다.

1월 24일, 마지막 궤도 수정을 마친 후 제임스 웹 우주망원경은 최종 목적지에 도착했다. 천문학자들이 라그랑주 점 L2라고 부르는 우주 공간이었다. L2는 태양계에 있는 특별한 다섯 지점 중 하나다. 19세기 이탈리아-프랑스 수학자 조제프-루이 라그랑주Joseph-Louis Lagrange가 발견했다. 라그랑주 점은 태양과 지구처럼 두 천체 사이에서 중력과 관성력이 균형을 이루는 지점으로, 이곳에 우주선이나 물체를 배치하면, 연료를 거의 쓰지 않고도 안정적인 위치를 유지하며 지구와 함께 태양을 공전할 수 있다. 라그랑주 점은 태양과 지구의 중력이 균형을 이루는 지점으로, 이곳에 위치한 물체는 지구와 일정한 위치 관계를 유지하면서 함께 태양 주위를 공전할 수 있다. 예를 들어 L2 지점에 있는 우주망원경은 지구보다 바깥쪽 궤도에 있지만, 지구와 같은 공전 주기를 유지하며 지구를 따라 움직이는 것처럼 보인다. 이처럼 라그랑주 점은 인공위성이나 우주망원경이 적은 에너지로 안정적인 위치를 유지할 수 있는 특별한 공간이다.

다른 우주선들처럼• 이런 중력 균형점인 라그랑주 점은 제임스 웹 우주망원경에게 실질적인 장점을 제공했다. 이 지점에서는 지구와 함께 움직이기 때문에 연료를 거의 쓰지 않아도 됐다. 가끔 관측 대상을 더 잘 보기 위해 자세를 미세하게 조정할 때만 연료를 쓴다. 이렇게 연료를 아끼면 임무 수명을 크게 늘릴 수 있다.

적외선 망원경에게는 L2만의 특별한 장점이 하나 더 있다. 항상 지구 그림자 속에 있어서 언제나 일식 상태인 셈이다. 게다가 L2가 태양 반대편 지구 뒤에 자리잡고 있기 때문에 빛과 열 모두에 노출되는 것을 막아준다. 열은 적외선 관

• L2에는 이미 여러 천문학 프로젝트를 담당한 우주망원경이 머물렀는데, 정확히는 아직도 그곳에 있지만 더 이상 작동하지 않는 상태다. 그중에는 윌킨슨 마이크로파 비등방성 탐사선Wilkinson Microwave Anisotropy Probe, WMAP과 허셜 및 플랑크 우주망원경이 있다.

측에 치명적이기 때문이다.

제임스 웹 우주망원경이 L2에 도착한 며칠 후, 임무 관제센터는 망원경의 네 가지 관측 장비를 작동시켰다.

이어서 다양한 천체에서 출발한 광자들의 이어달리기가 시작됐다. 18개 거울로 이루어진 주경은 그 이어달리기의 첫 번째 주자였다. 주경의 거울 표면에서 반사된 광자들은 부경에 모인 다음, 다시 반사되어 제임스 웹 우주망원경의 네 가지 과학 장비 중 하나로 들어간다. 네 개의 장비 중 세 개의 장비는 0.6~5마이크로미터의 같은 파장 범위를 서로 보완하면서 관측을 진행했다.

근적외선 카메라Near-Infrared Camera, NIRCam는 애리조나 대학교와 록히드 마틴Lockheed Martin이 함께 개발했으며, 근적외선 영역에서 제임스 웹 우주망원경의 주요 촬영을 담당했다. 이 카메라에는 태양 빛을 가릴 때 손을 쓰는 것처럼 동그란 가림막으로 밝은 천체의 빛을 차단해주는 코로나그래프coronagraph라는 장치가 달려 있다. 코로나그래프는 특히 별 주변의 행성을 연구할 때 유용한데, 별의 밝은 빛을 차단하면 그 주위 궤도를 도는 행성과 우주 먼지의 빛을 감지할 수 있기 때문이다.

근적외선 분광기Near-Infrared Spectrograph, NIRSpec는 유럽 우

제임스 웹 우주망원경 부품 설명

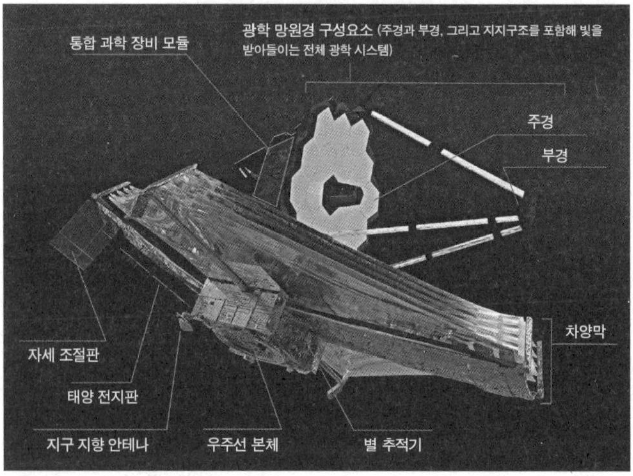

완전체의 탄생: 제임스 웹은 크게 두 부분으로 나뉜다. 태양을 바라보는 쪽과 그 반대쪽이다. 이 두 부분을 나누는 것이 바로 차양막이다. 나뉜 두 부분의 온도 차이가 수백 도나 나기 때문에, 엔지니어들은 이들을 같은 실험실에서 함께 테스트할 수 없었다. 결국 유일한 '실험실'은 우주 그 자체가 될 수 밖에 없었다. 태양을 향하고 있는 쪽에는 태양 전지판과 우주선 본체가 있다. 우주선 본체에는 제임스 웹의 핵심 지원 기능들이 모여 있다. 전력 공급, 자세 제어, 통신, 명령 및 데이터 처리, 추진, 열 제어 시스템들이다. 차양막 반대편에는 망원경이 있다. 천체에서 온 빛은 먼저 18개 조각으로 이루어진 주경에 반사되어 부경으로 모인다. 부경은 이렇게 모인 빛을 통합 과학 장비 모듈ISIM로 보낸다. 여기서 제임스 웹 우주망원경의 네 가지 관측 장비가 천문학자들이 미리 설정한 방식에 따라 광자들을 분석한다. 네 가지 관측 장비는 근적외선 카메라NIRCam, 근적외선 분광기NIRSpec, 중적외선 장비MIRI, 그리고 정밀 유도 센서FGS 겸 근적외선 이미저 및 슬릿리스 분광기NIRISS다.

주국과 에어버스 인더스트리Airbus Industries가 함께 개발했으며, 빛을 나눠서 관측하는 분광 관측을 통해 관측 대상의 물리적, 화학적 특성을 밝혀내는 기능을 갖고 있다. 거기에 NASA가 제공한 248,000개의 개폐판으로 구성된 마이크로셔터Microshutter 장치도 함께 탑재했다. 제임스 웹 우주망원경의 운영진이 이 마이크로셔터를 하나씩 조작하면 최대 100개의 천체나 우주의 한 영역에서 나오는 스펙트럼을 한꺼번에 수집할 수 있다.

근적외선 이미저 및 슬릿리스 분광기Near-Infrared Imager and Slitless Spectrograph, NIRISS는 캐나다 우주국과 허니웰 인터내셔널Honeywell International이 함께 개발했으며, 마스킹masking 기능을 갖추고 있다. 마스킹은 일부 빛을 차단해서 특정 부분만 관측하는 기술로, 이 기능을 사용하면 제임스 웹을 간섭계처럼 사용할 수 있다. 간섭계는 하나의 광원에서 나온 빛을 여러 다른 경로로 보낸 다음, 이 빛들이 다시 만나면서 생기는 간섭 무늬를 분석하는 장비다. 이렇게 하면 망원경 하나로는 불가능한 극도로 세밀한 관측이 가능해진다. 제임스 웹은 이 방식으로 밝은 천체를 다른 촬영 장비보다 훨씬 선명하게 찍을 수 있다.

네 번째 장비는 다른 세 장비와는 거의 완전히 다른 파장 범위를 관측한다. 중적외선 관측 장비Mid-Infrared Instrument, MIRI는 유럽 컨소시엄European Consortium과 제트추진연구소Jet Propulsion Laboratory, JPL가 함께 개발했으며, 4.9~27.9마이크로미터 범위를 관측한다. 이는 전자기 스펙트럼 적외선 영역의 깊숙한 영역으로, 우주가 팽창하면서 가장 멀리 있는 초기 천체들에서 나온 가시광선이 이 파장까지 늘어난 것이다. 따라서 이 장비는 다른 세 관측 장비보다 열에 훨씬 더 민감했다. 열이 적외선 영역에서 관측을 방해하는 열복사를 만들어내기 때문이다. 다른 세 개의 관측 장비와 달리, 중적외선 관측 장비는 단순히 우주의 차가운 환경에 노출시키는 것만으로는 필요한 만큼 차가워지지 않았다. 그래서 엔지니어들은 제임스 웹 우주망원경에 헬륨 냉각시스템을 달았다. 이 극저온 냉각장치가 한 달은 더 돌아야지만 목표한 온도에 도달할 수 있었다. 절대영도보다 고작 7도 높은 온도로, 다른 세 개의 관측 장비보다 수십 도나 더 차가웠다.

2월 2일 망원경이 첫 관측을 시작했다. 천문학자들이 '퍼스트 라이트First Light'이라고 부르는 매우 의미있는 순간이었다. 엔지니어들은 미리 별 하나를 시험 관측 대상으로 정해놨다. 망원경의 주경을 이루고 있는 각 18개의 거울이 시험 관측 대상인 별을 향했고, 거울마다 다른 이미지가 나타났

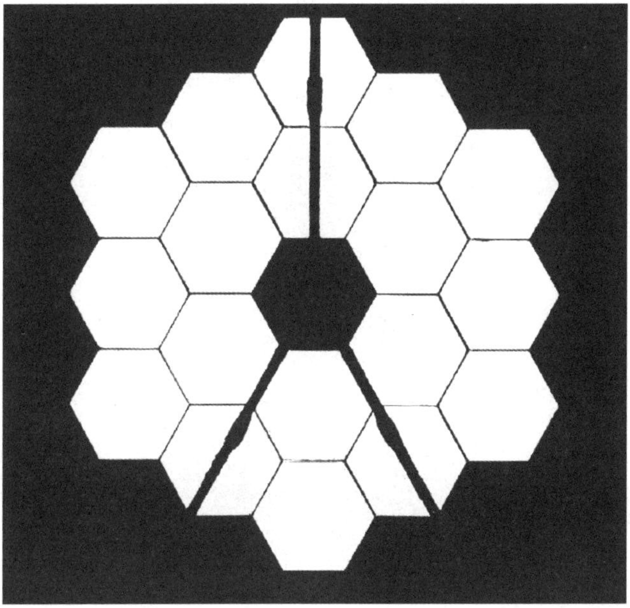

제임스 웹의 셀카: 제임스 웹에 달린 특수 카메라가 주경을 이루는 18개 거울 조각들을 찍은 모습이다. 이 카메라는 지상 엔지니어들이 깔끔한 이미지를 만들 수 있도록 거울 하나하나를 정렬하는데 사용됐다.

[위] 제임스 웹 우주망원경의 맨 처음 관측에서 관측된 하나의 별이 주경을 이루는 18개의 거울 조각들에 모두 반사되어서 나타난 18개의 이미지. 멘젤은 이 이미지 배경의 밝은 점을 보면서, "저 큰 점은 모두 별이지만, 나머지 배경에 빛나는 건 전부 은하야"라고 동료에게 말했다.
[중간] 엔지니어들이 거울 하나하나를 수없이 조정한 결과, 18개의 이미지가 주경의 각 거울 조각 위치에 완벽히 맞춰진 모습.
[아래] 18개의 이미지를 하나로 합친 최종 결과물로, 공식 명칭은 '거울 정렬 확인 이미지 Alignment Evaluation Image'다.

다. 누구나 예상했듯 이미지 속 별의 위치 또한 거울마다 제각각이었다. 그다음 광학 망원경 구성요소 관리자인 리 파인버그Lee Feinberg의 지시에 따라 주경 뒤쪽의 구동 장치들이 거울 조각 하나하나를 조정했다. 18개의 서로 다른 별 이미지들이 하나로 맞춰지도록 했다. 초점은 아직 완벽하지 않아 흐릿했지만, 하나의 별이 또렷하게 보였다.

"마이크," 파인버그가 멘젤을 불렀다. "이 망원경은 이제 정말 훌륭하게 작동할 거야."

두 엔지니어는 멘젤의 사무실에서 첫 번째 합성 이미지들을 검토하고 있었다. 멘젤도 같은 생각이었다. 제임스 웹 우주망원경은 완벽하게 작동할 준비가 돼있었다. 그런데 화면을 보다가 뭔가 이상한 점을 발견했다. 그는 컴퓨터 화면에 얼굴을 바싹 갖다 대고 자세히 들여다봤다.

우리 은하에서 별 하나만 관측해도 배경에는 항상 다른 별들이 보인다. 당연한 일이다. 우리 은하에는 수십억 개의 별이 있으니까. 이렇게 강력한 우주망원경으로 하늘 어디든 들여다보면 목표로 한 별 말고도 다른 점처럼 나타나는 빛들이 거의 항상 보인다. 멘젤이 그중 몇 개를 가리켰다.

"리, 저건 별이 아니야. 큰 것들만 별이고, 나머지는 전부 은하야." 멘젤이 신나서 웃으며 말했다. "와, 저거 봐. 아직 초점도 제대로 안 맞췄는데 말이야."

19시간, 1500개가 넘는 시험 이미지, 그리고 54기가바이트의 데이터를 처리해 드디어 초점을 맞췄다.

제임스 웹 우주망원경은 꿈에 그리던 대로 순조롭게 돌아가고 있었다.

그 후 몇 달 동안 기술진들은 24시간 내내 임무 진행 상황을 모니터링했다. 코로나19 때문에 현장에서는 마스크 착용과 사회적 거리두기를 의무화했고, 과학 연구에 지장을 주지 않으면서도 재택근무를 할 수 있는 방법들도 마련했다. STScI에서 일하는 사람들은 산 마틴 드라이브를 따라 건물 방면으로 등장하는 푸드트럭들을 이용할 수 있었다. 일반적인 푸드트럭 음식을 파는 곳도 있었고, 볼티모어의 명물인 크랩미트 샌드위치 같은 특별한 요리를 파는 곳도 있었다. 연구진들은 책상 위에 스트레스 해소용 손 운동기구와 행운의 부적들을 놓아두었는데, 과학적 근거는 전혀 없긴 했지만 실제로 효과가 있는 것 같은 기분이었다.

가끔 망원경의 컴퓨터가 오류가 나서 '안전 모드'에 들어가 망원경 작동이 멈추는 일이 있었다. 그러면 연구소 엔지니어들이 한두 시간 내에 문제를 파악해서 소프트웨어 패치를 만들고, 망원경에 업로드 시켜 모든 시스템을 다시 정상 작동시키기도 했다.

이렇게 '공포의 6개월'이 흘러갔다. 대체로 큰 사고 없이 순조로웠다. 하지만 한 가지 놀라운 일이 일어났다. 놀랍다기보다는 무서웠다고 해야 할까? 몇몇 사람들에게는 정말 무서운 일이 있었다. 5월 말 어느 날이었는데, 정확한 날짜는 아무도 모르지만, 우주에 떠돌던 매우 작은 돌덩어리가 주 거울을 이루는 18개 거울 조각 중 하나와 부딪혔다.

모든 사람들이 이런 일은 언젠가 반드시 일어날 거라는 건 알고 있었다. 물론 우주는 엄청나게 넓고, 비어있는 것처럼 보이지만 사실 정말 많은 작은 물질들이 떠다니고 있기 때문이다. 하지만 우리 태양계는 아직도 변화하고 있는 중이다. 태양계가 만들어진 지 겨우 45억 년밖에 안 됐고, 가스와 여러 찌꺼기들이 태양과 행성들 그리고 위성으로 뭉쳐지는 초기 과정은 이미 끝났지만, 태양계 곳곳에는 여전히 우주 먼지 같은 것들이 떠돌아다니고 있다. 제임스 웹 우주망원경을 담당하고 있는 엔지니어들은 이런 미소 유성체 크기의 물체가 거울 표면과 충돌하는 상황까지 미리 시뮬레이션해봤다. 어차피 피할 수 없는 일이었으니까.

그래서 2022년 5월 어느 날, L2 궤도의 어느 지점에서 미소 유성체가 망원경과 충돌했다는 사실 자체는 놀라울 일이 아니었다. 망원경은 이미 이런 충돌을 네 번이나 겪었다. 하지만 정말 놀라운 건 이 미소 유성체의 크기였다. 주경을 이루고 있는 각각의 조각이 견딜 수 있다고 예상한 범위의 최대값에 가까웠던 것이다.

이번에 충돌한 미소 유성체가 우연히 큰 편이었을까? 만약 그렇다면 문제될 게 없다. 하지만 우연이 아니라면? 앞으로 계속 일어날 일의 시작이라면? 그렇더라도 다행히 망원경은 비슷한 크기의 미소 유성체의 충돌을 최소 5년의 임무 기간 동안 버텨낼 수 있는 능력을 가지고는 있었다.

"걱정되세요?" 프로젝트 매니저가 멘젤에게 물었다.

멘젤이 웃었다.

"지난 20년 동안 당신들이 저보고 안전 예비 설계를 너무 많이 했다고 뭐라 했잖아요." 멘젤이 말했다. "이렇게 예비 설계를 충분히 해뒀기에, 마음 편히 지켜볼 수 있는거죠."

2022년 7월 12일, 제임스 웹 우주망원경의 목표와 현실이 드디어 만났다. 이날 제임스 웹 우주망원경은 테스트 단계를 마치고 본격적인 과학 임무 수행에 들어갔다. 이제부터는 망원경 사용 권한을 얻은 천문학자들이 주인공이었다. 그들은 무엇을 보고 싶은지, 왜 그것을 봐야 하는지, 그리고 제임스 웹 우주망원경이 어떻게 자신들의 연구에 필수적인지 설명했고, 이제 그 꿈들을 하나씩 이뤄나갈 때가 왔다.

에드윈 허블은 천문학을 "물러서는 지평선의 역사"라고 말한 순간, 이미 제임스 웹 우주망원경이 들여다보게 될 우주의 여러 영역들을 미리 내다보고 있었는지도 모른다.

첫 번째 지평: 우리 지구와 태양계 행성들 그리고 위성들까지의 영역.

두 번째 지평: 태양계 너머 별들과 행성들, 즉 우리 은하의 나머지 영역.

세 번째 지평: 허블 자신이 뛰어넘었던 바로 그 경계, 우리 은하 너머 모든 은하들.

네 번째이자 마지막 지평은 제임스 웹 우주망원경이 목표로 하는 것 중에서 허블이 미리 예상할 수 없었던 영역이다. 하지만 은하 너머에 또 다른 지평이 미래 천문학자들을 기다리고 있다는 건 허블도 충분히 예상했을 것이다. 바로 우주에서 처음 생긴 빛 말이다.

제임스 웹 우주망원경이 테스트를 끝내고 본격적인 연구를 위한 관측을 시작하기 하루 전, 조 바이든Joe Biden 미국 대통령이 백악관 맞은편 아이젠하워 행정관 건물에서 제임스 웹 우주망원경의 첫 번째 이미지를 공개했다. 제임스 웹 우주망원경이 얼마나 대단한지 세상에 보여줄 이 이미지는 멘젤 같은 몇몇 내부 관계자들만 미리 알고 있었고, 다른 사람들에게는 철저히 비밀이었다. 이 이미지는 25년도 더 전에 사람들을 완전히 충격에 빠뜨렸던 그 유명한 사진을 다시 찍은 거였다. 그때 그 사진이 없었다면 제임스 웹 우주망원경은 아예 만들어지지도 않았을 거다. 바로 그 유명한 허블 딥 필드 이미지였다.

"허블 딥 필드랑 똑같이 생겼네." 캐서린 멘젤이 남편에게 말했다. 그녀도 전 세계 거의 모든 사람들과 마찬가지로 생중계를 통해 제임스 웹 우주망원경의 딥 필드 이미지를 처음 봤다.

마이크 멘젤은 숨을 고르며 마음을 진정시켜야 했다.

"맞아, 당신 말이 맞아. 정말 비슷하게 생겼어. 그런데 허블은 그 사진 찍는 데 14일이나 걸렸거든. 우리는 12시간 만에 해냈어. 그것도 그 12시간 동안 가장 희미한 천체를 볼 수 있는 능력까지 허블 기록을 다 깨버렸어. 별로 애쓰지도 않았는데 말이야." 아내에게는 이렇게 말했다.

하지만 처음 그 이미지를 봤을 때 동료들에게는 "이런 미친"이라고 했다.

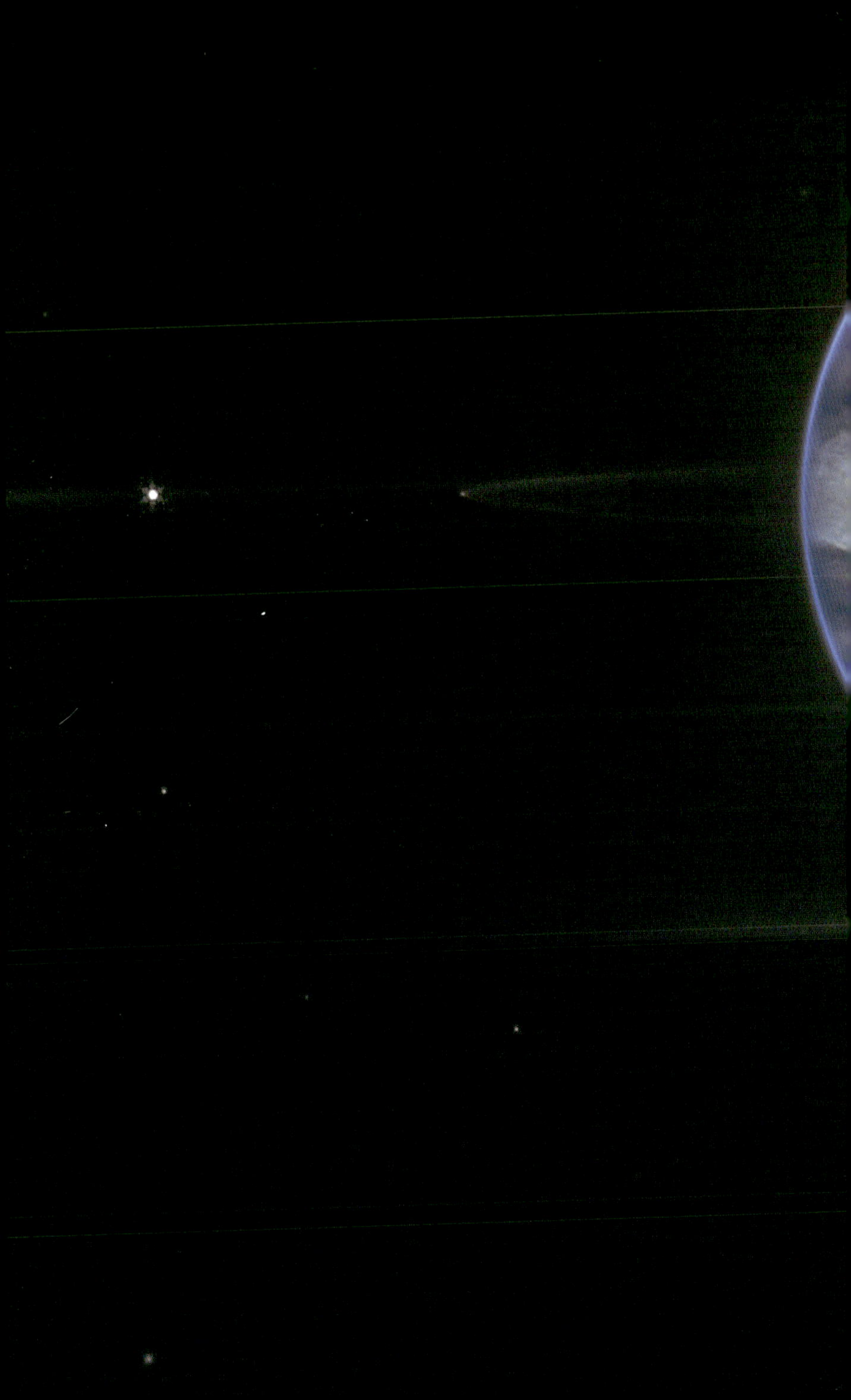

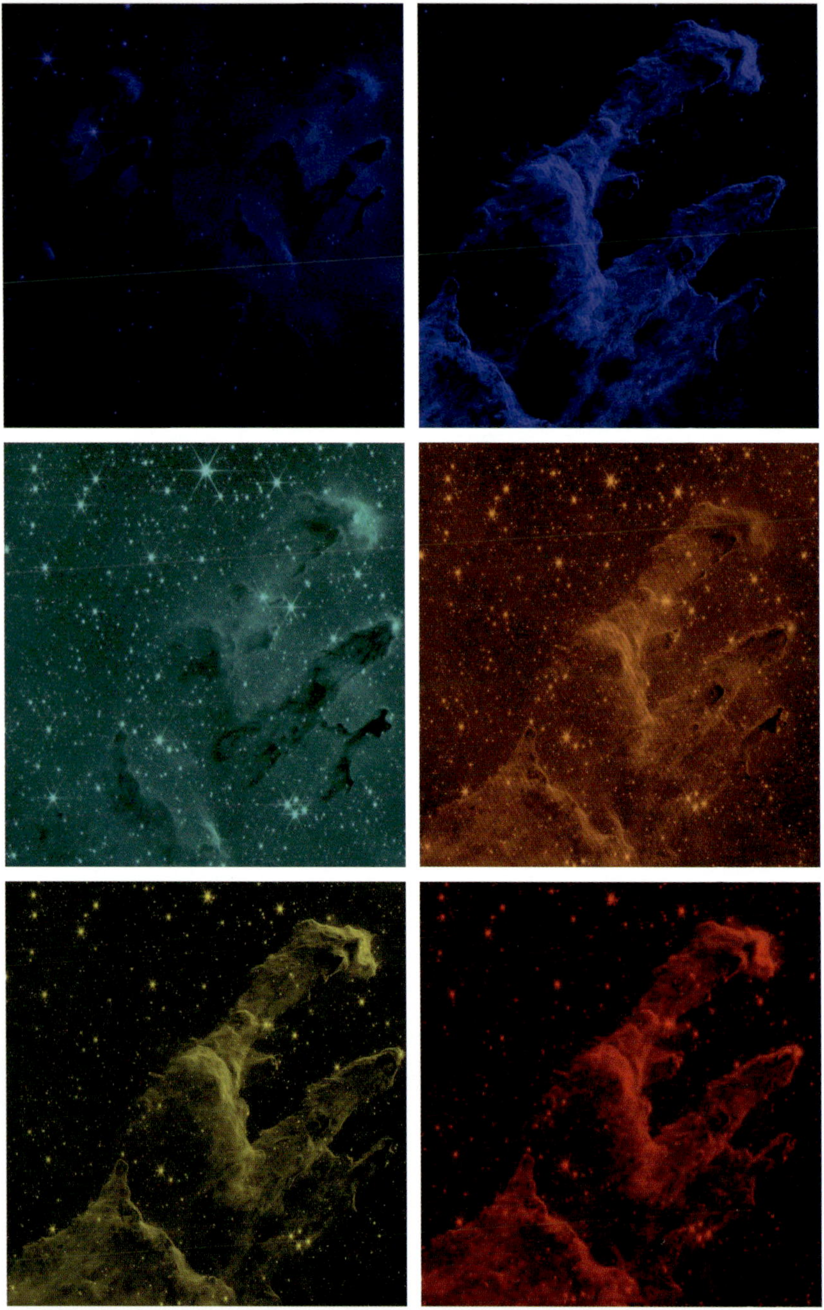

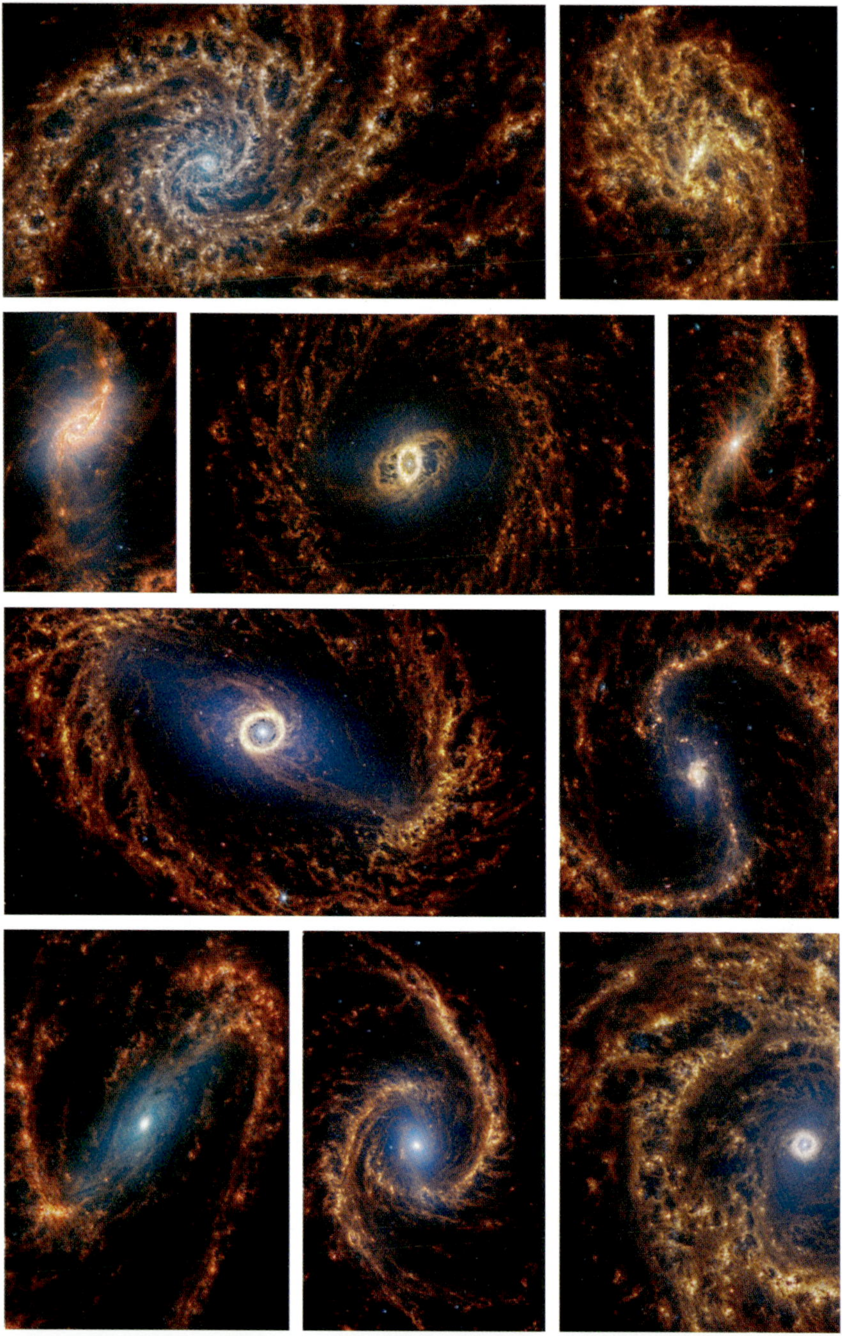

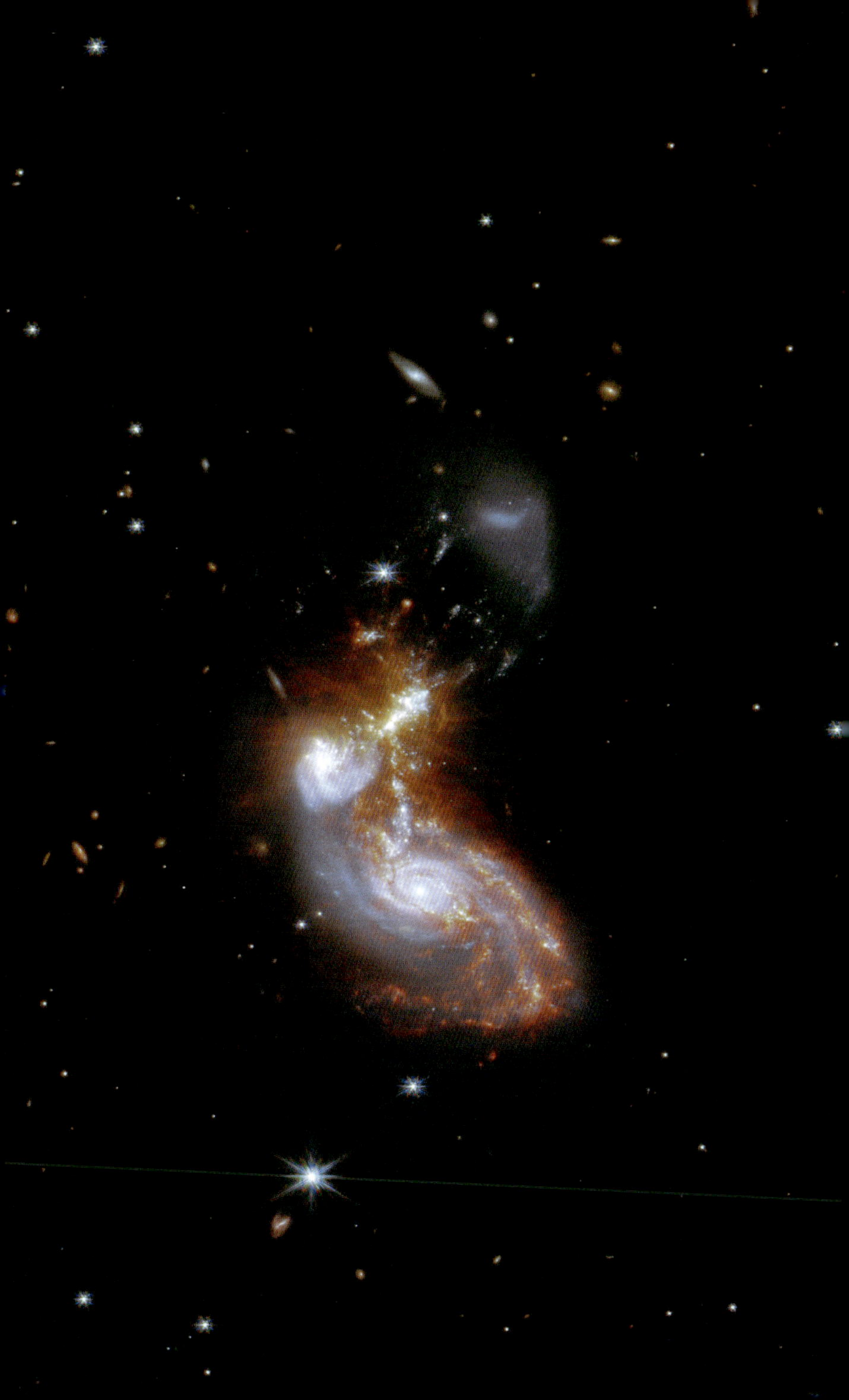

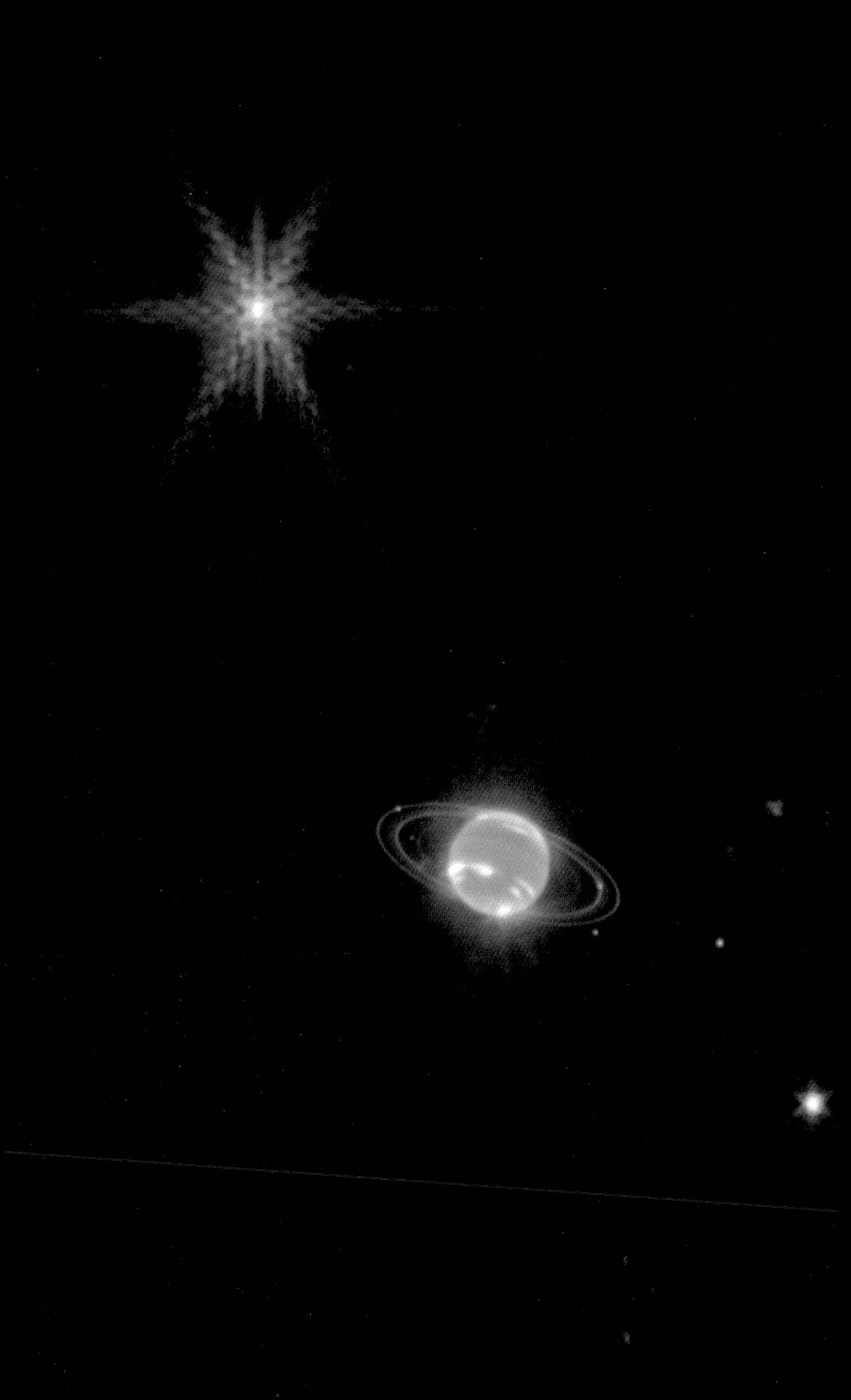

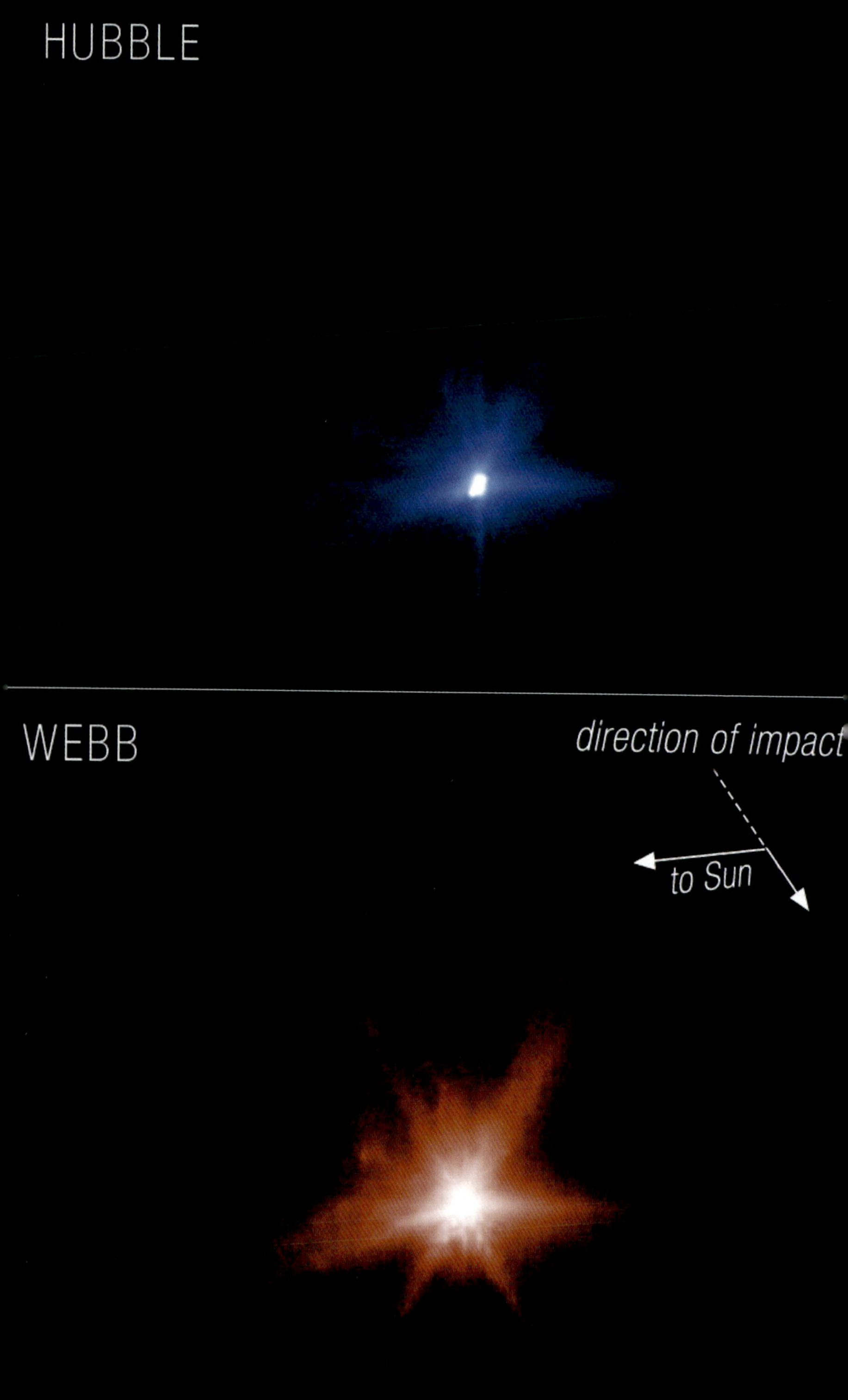
HUBBLE
WEBB
direction of impact
to Sun

Early "peas" discovered behind SMACS 0723

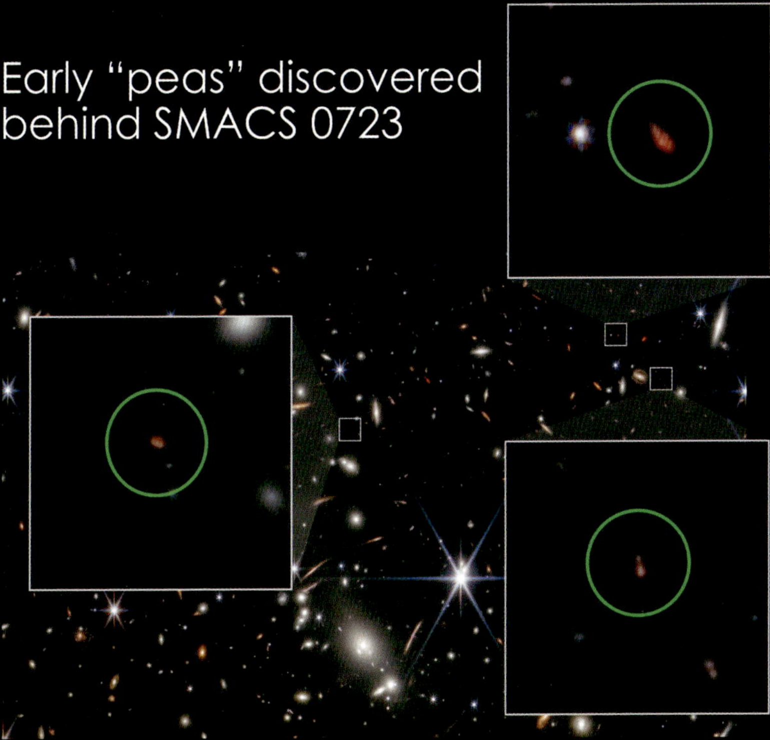

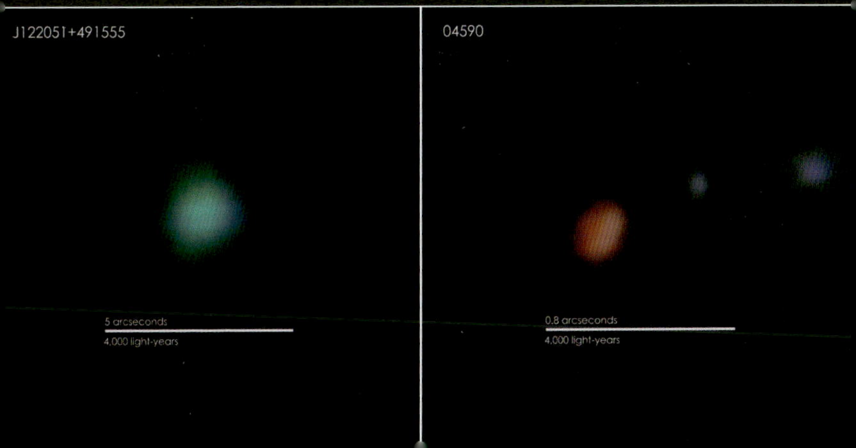

컬러 사진 해설

참고

- 삽지 1~16쪽까지의 사진은 원저작에 동일하게 실려 있으며 해설은 지은이가 작성했다.
- 독자의 이해를 위해 옮긴이가 추가적인 해설을 한 경우 [옮긴이]로 표시를 했다.
- 17~21페이지까지의 사진은 옮긴이가 추가로 선정했으며 그에 대한 해설은 옮긴이가 작성했다.

1쪽

제임스 웹 딥필드

이 사진은 제임스 웹 우주망원경의 놀라운 성능을 사람들이 처음 만나게 된 순간이다. 8개의 회절 무늬를 보이는 천체들은 앞쪽에 있는 별들이고, 나머지는 모두 은하다. 그 중 몇몇의 은하는 우주가 태어난 지 10억 년밖에 안 된 시기까지 거슬러 올라간다. 제임스 웹 우주망원경의 과학 임무를 위한 수십 년의 준비 과정은 프롤로그와 1장, 2장에서 확인할 수 있고, 제임스 웹 이미지 첫 공개에 관한 내용은 21~22쪽과 111~112쪽에 담겨있다.

2~3쪽

목성

이 거대한 가스 행성 사진은 목성 자체뿐만 아니라 그 주변에서 일어나는 여러 현상들까지 선명하게 보여준다. 목성의 북극과 남극에서 아름다운 오로라가 빛나고 있고, 목성 바깥쪽에서도 오로라가 상층 대기에서 확산되며 곡선처럼 펼쳐지는 신기한 모습까지 볼 수 있다.

목성의 고리는 희미하지만 목성의 왼쪽과 오른쪽에서 확실히 확인할 수 있다. 왼쪽에는 목성의 위성 두 개가 사진에 함께 찍혀 있는데, 고리 끝부분에 있는 위성이 아드라스테아Adrastea이고 그보다 더 왼쪽에 있는 위성이 아말테아Amalthea이다. 목성의 유명한 대적반Great Red Spot은 지구보다 두 배나 큰 거대한 폭풍인데, 이 사진에서는 필터와 색상 처리 과정 때문에 하얗게 보인다. 제임스 웹 우주망원경이 보내온 데이터를 자세히 분석한 결과, 천문학자들은 놀라운 발견을 했다. 목성 적도 위쪽 구름층에서 폭이 무려 4,800킬로미터나 되는 엄청나게 빠른 제트기류가 흐르고 있다는 것이다. 태양계를 연구하는 천문학과 이 분야에서 제임스 웹 우주망원경이 어떤 기여를 했는지는 3장에서 볼 수 있고, 목성에 대한 더 자세한 내용은 141~142쪽에 나와 있다.

4~5쪽

HH 211, 별의 탄생

지구에서 약 1,000광년 떨어진 곳에서 별이 태어나는 과정을 찍은 이 사진을 보면, 우리 태양과 행성계가 처음에 어떤 모습이었는지 알 수 있다. 별이 만들어질 때는 정말 격렬한 일들이 벌어진다. 강력한 바람과 가스 분출이 일어나고, 이것들이 주변에 있는 가스와 먼지 덩어리와 부딪히면서 이 사진에서 볼 수 있는 활모양의 충격파 같은 멋진 장면을 만들어낸다. 우리 은하에서 일어나는 여러 천문학적 현상들과 이런 별 탄생과 관련된 연구에서 제임스 웹 우주망원경이 어떤 역할을 했는지는 4장에서 볼 수 있고, 원시별protostar에 대한 자세한 설명은 161~163쪽에 나와 있다.

6~7쪽

우주의 절벽

제임스 웹 우주망원경이 처음 세상에 선보인 사진 중 하나다. 이 아름다운 이미지는 용골자리 성운Carina Nebula의 일부분을 보여주고 있다. 천문학자들은 이런 곳을 '별들의 요람'이라고 부른다. 여기서 별들이 정말 왕성하게 태어나기 때문이다. 이 별들의 요람은 지구에서 7,600광년 떨어진 곳에 자리하고 있다. 우리 은하에서 별들이 어떻게 만들어지는지 궁금하다면 204~206쪽을 보면 알 수 있을 것이다.

[옮긴이] 거대한 가스 절벽이 뜨거운 어린 별들의 에너지에 의해 깎여 나가고 있으며, 그 과정에서 숨겨져 있던 수백 개의 아기 별들이 모습을 드러냈다. 이 사진은 별이 태어나는 찰나의 순간(약 5만~10만 년)을 포착한 것으로, 우주 먼지 너머를 꿰뚫어 보는 제임스 웹의 독보적인 성능을 상징적으로 보여주는 명장면이다.

8쪽

창조의 기둥 I

허블 우주망원경이 1995년 허블 우주망원경이 이 특이한 별 탄생 영역을 촬영한 사진 덕분에 '창조의 기둥'이라는 말이 널리 알려지게 됐다. 이 영역은 지구에서 약 6,500광년 떨어져 있다. 제임스 웹 우주망원경으로 이 지역을 다시 촬영했을 때, 천문학자들은 전자기 스펙트럼의 특정 파장들을 골라내는 여러 필터를 사용했다. 그리고 연구자들이 각각의 파장에 색깔을 입혀서 볼 수 있는 이미지로 만들어냈다. 제임스 웹 이미지가 어떻게 만들어지는지, 그 속에 담긴 기술과 과학은 177~183쪽에서 자세히 살펴볼 수 있다.

9쪽

창조의 기둥 II

우리가 보는 이 이미지는 6개의 필터로 찍은 사진들을 합쳐서 만든 것이다. 거기에 보기에 아름답고, 과학적 목적에 맞도록 추가로 보정을 더했다. 수소 핵융합을 시작해서 정식으로 '별'이 된 옛 아기별들이 기둥의 '손가락 끝' 부분에서 밝은 빨간 점으로 반짝이고 있다. 이 모습이 마치 영화 E.T.를 떠올리게 하는 묘한 분위기를 자아낸다.

10~11쪽

온 우주에 가득한 먼지

'텅 빈' 우주라고들 하지만 사실은 전혀 비어있지 않다. 지구에서 150만 광년 떨어진 은하 NGC 6822를 찍은 이 사진을 보면, 우주 곳곳이 먼지와 온갖 찌꺼기들로 빽빽하다는 걸 알 수 있다. 이런 물질들이 언젠가는 별도 만들고, 행성도 만들고, 심지어 생명체까지 탄생시킬 수 있는 재료들이다. 우리 은하 밖 다른 은하들에서 벌어지는 신기한 일들과 웹이 밝혀낸 새로운 발견들은 5장에서 자세히 살펴본다. 은하가 어떻게 진화하는지, 그리고 먼지가 여기서 어떤 역할을 하는지는 196~210쪽에 나와 있다.

12~13쪽

나선은하의 다양한 얼굴들

고해상도 관측을 이용한 가까운 은하들의 물리 구조를 연구하는 프로젝트인 PHANGS 프로젝트는 이전 허블 우주망원경으로 관측한 19개의 나선은하를 제임스 웹 우주망원경으로 다시 관측하였다. 이 은하들은 모두 정면에서 본 나선은하이지만, 각기 다른 구조를 가지고 있다. PHANGS 프로젝트에 대한 더 자세한 내용은 207~210쪽에 나와 있다.

14쪽

슈테판의 5중주

제임스 웹 우주망원경이 처음 공개한 이미지들 가운데 하나로, 이 모자이크 이미지는 총 1억 5,000만 개의 화소와 1,000개의 개별 이미지 파일로 만들어졌다. 웹의 근적외선 카메라(NIRCam)와 중적외선 관측장비(MIRI)를 이용해 촬영한 것이다. 왼쪽에 보이는 은하는 지구에서 약 4,000만 광년 떨어져 있고, 나머지 네 개 은하는 약 2억 9,000만 광년 떨어져 있다. 영화를 좋아하는 사람이라면 이 은하 무리를 어딘가에서 본 기억이 있을지도 모른다. 바로 영화 《멋진 인생It's a Wonderful Life》의 도입부에서, 신과 천사가 대화하는 장면의 배경으로 등장했기 때문이다. 은하가 어떻게 진화하는지에 대한 내용은 203~207쪽에 더 자세히 나와 있다.

[옮긴이] 은하들이 서로의 중력에 이끌려 춤추듯 상호작용하는 이 장면은 은하 진화의 교과서와도 같다. 충돌로 인해 발생하는 거대한 충격파, 뜯겨 나가는 가스 띠, 그리고 그 혼란 속에서 새롭게 태어나는 수많은 아기 별들까지. 은하들의 만남이 얼마나 격렬하고도 창조적인 과정인지를 단 한 장의 사진으로 보여준다.

15쪽

중력이 지배하는 은하

우주의 모든 것이 그렇듯, 은하들도 중력의 지배를 받는다. 그리고 때때로, 은하들의 상호작용은 놀라운 장면을 만든다. 이 사진에 담긴 두 은하는 지금 합쳐지는 중인데, 지구에서 약 5억 광년 떨어진 돌고래자리Delphinus 방향에 있다.

16쪽

빛이 만든 착시

천문학자들은 아인슈타인의 일반상대성이론이 예측한 효과인 중력렌즈gravitational lensing 현상을 이용해 초기 우주의 천체 등을 관측한다. 앞쪽에 있는 은하단처럼 질량이 큰 물체는, 그 뒤에 있는 천체의 빛을 굴절시키고 확대해, 마치 여러 개의 이미지처럼 보이게 만든다. 이런 천체들은 원래라면 은하단 '뒤'에 있을 뿐만 아니라, 제임스 웹 우주망원경조차도 직접 보기 어려울 정도로 멀리 떨어져 있는 경우가 많다(앞에서 봤던 '웹 딥 필드' 페이지로 돌아가 보면, 이런 중력렌즈 효과로 생긴 곡선 모양의 잔상들을 쉽게 찾아볼 수 있다). 초기 우주에서 일어난 일과 제임스 웹 우주망원경의 역할에 대해서는 6장에, 중력렌즈에 대한 더 자세한 설명은 223쪽과 248쪽에 있다.

17쪽

해왕성

1989년 보이저 2호 탐사 이후 30여 년 만에 해왕성의 고리를 가장 선명하게 포착한 이미지다. 메탄 대기로 인해 어둡게 보이는 해왕성과 달리, 얼음으로 덮인 위성 트리톤은 마치 별처럼 밝게 빛나며 제임스 웹 특유의 회절 스파이크를 보여준다. 하이디 해멀 박사는 이 이미지를 통해 해왕성의 역동적인 대기와 고리의 섬세한 구조를 확인하고, 태양계 연구의 새로운 지평이 열렸음을 직감했다.

18쪽

DART 미션

인류 최초의 소행성 방어 실험인 DART 미션의 충돌 순간을 허블과 제임스 웹이 동시에 포착한 역사적인 장면이다. 제임스 웹은 설계 한계보다 3배나 빠른 속도로 이동하는 표적을 완벽하게 추적하며, 하이디 해멀 박사가 주도하여 탑재한 '이동 천체 추적 기능'의 진가를 증명했다. 두 망원경의 합동 관측은 충돌 후 분출물의 확산 과정과 소행성 표면의 특성을 입체적으로 분석하는 데 결정적인 데이터를 제공했다.

19쪽

우주의 모래시계

가시광선으로는 칠흑 같은 어둠에 싸여 보이지 않던 원시별 L1527이 제임스 웹의 적외선 눈을 통해 화려한 모래시계 형상으로 드러났다. 중심부의 짙은 어둠 속에는 갓 태어난 아기 별과 함께 우리 태양계만 한 크기의 원시행성계 원반이 자리 잡고 있다. 이 이미지는 약 46억 년 전, 태양과 지구가 탄생하던 순간의 혼란스럽고도 역동적인 모습을 미리 보여주는 듯하다.

20쪽

남쪽 고리 성운

이 행성상 성운의 이미지는 약 50억 년 후 우리 태양이 맞이할 운명을 미리 보여주는 듯하다. 중심의 백색왜성이 뿜어낸 가스 껍질들이 겹겹이 쌓여 마치 우주에 핀 꽃처럼 아름다운 구조를 형성했다. 제임스 웹은 이 성운이 단순한 구 형태가 아니라, 여러 개의 별의 공전 운동으로 인해 뒤틀리고 얽힌 복잡한 3차원 구조임을 명확히 밝혀냈다.

21쪽

초기의 완두콩 같은 은하들

제임스 웹 우주망원경이 관측한 이 세 개의 작은 은하(붉은 원)들은 우리 은하 근처에서 발견되는 희귀한 '녹색 완두Green Pea' 은하들과 놀랍도록 닮아 있다. 빅뱅 후 약 131억 년 전(우주 나이의 약 5% 시점)에 존재했던 이 은하들은 크기가 우리 은하의 5%에 불과하지만, 별 탄생 활동은 매우 활발하다. 특히 가장 왼쪽의 은하는 산소 함량이 우리 은하의 2% 수준으로, 지금까지 발견된 것 중 가장 화학적으로 원시적인 은하일 가능성이 높다.

2부

제임스 웹 우주망원경의 네 가지 지평

3
첫 번째 지평
가까운 우주

하이디 해멀Heidi Hammel은 말문이 막혔다.

이건 정말 그녀답지 않았다. 하이디는 오래전부터 천문학을 일반인들에게 알리는 최고의 전문가였고, 어려운 내용도 재미있게 설명하는 걸로 유명했다. 그래서 천문학을 대중에게 설명해달라는 요청을 늘 받았다. TED 강연이나 대학 강의 같은 공개 발표를 해달라고 하는 요청도 많았다. CNN 프로그램 제작자나 뉴욕타임스 기자 같은 전 세계 유명 언론사 사람들이 연락해오는 경우도 흔히 있는 일이었다. 때로는 그냥 조언 좀 구하려는 동료들이 연락해오기도 했다.

오늘도 NASA의 동료가 그런 요청을 해왔다. 하이디에게 시간 있으면 제임스 웹 우주망원경 이미지를 하나 보고, 보도자료에 이게 얼마나 중요한지를 어떻게 쓰면 좋을지 조언해줄 수 있겠냐는 것이었다.

하이디는 집 사무실에서 컴퓨터 파일을 열었다.

파일을 열어 이미지를 본 그녀는 아무 말도 못했다. 할 말이 없었다. 그냥 조용히 앉아서 화면만 바라봤다. 가슴이 뭔가 벅차오르며 뭉클해졌다. 화면에는 그녀가 30년 넘게, 거의 평생 보고 싶어했던 이미지가 있었다. 정말 볼 수 있을지 확신할 수 없었던 바로 그 이미지였다.

그런데 지금 여기 있었다. 해왕성의 고리가.

그녀는 눈물을 참으며 눈을 깜빡였다.

"엄마."

집에 있던 유일한 사람인 엄마를 부르려 소리쳤다. 아이들은 다 커서 따로 살고 있고, 남편은 회사에 가 있었다.

"엄마!" 다시 소리쳤다.

"이거 좀 봐요! 꼭 봐야 해!"

위층에서 발걸음 소리가 들려 곧 엄마가 내려올 거라는 걸 알면서도 기다릴 수가 없었다. 이 이미지를 혼자 보고 있다는 그 자체가 너무 벅찼다. 그녀는 의자를 돌려 바닥에 한가롭게 누워있던 고양이를 들어 올렸다. 자기가 바보 같다는 걸 알면서도 그렇게 할 수밖에 없었다. 하이디는 다시 화면 쪽으로 의자를 돌리고 고양이를 안아서 컴퓨터 모니터 속 이미지를 보여줬다.

"봐봐!" 고양이에게 말했다.

"이 고리 좀 보라구!"

1609년, 갈릴레오가 밤마다 자신의 관측기구를 파도바 정원으로 끌고 나가기 시작했을 때(물론 구름이 없는 날에만), 우주는 그저 단순히 두 세계로 나뉘어 있었다.

하나는 지상계. 라틴어로 테라terra, 즉 땅을 뜻하는 영역이었다. 다른 하나는 천상계. 라틴어로 카엘룸caelum, 즉 하늘을 뜻하는 영역이었다. 당시까지 우주라고 부를 수 있는 건 이 두 영역이 전부였다. 땅이 있고, 나머지는 모두 하늘이었다.

그동안은 이렇게 우주를 둘로 나누는 방식만으로도 모든 걸 설명할 수 있었다. 하늘에 있는 천체들이 그대로 반영된 것이었는데, 인류가 아프리카 초원에서 밤을 보내던 시절부터 쭉 똑같았다. 달, 태양, 그리스인들이 떠돌이별이라고 부른 다섯 개 행성(수성, 금성, 화성, 목성, 토성), 그리고 지구 주위를 돌면서 함께 움직이는 수많은 붙박이 별들. 갈릴레오가 처음 자신의 조악한 망원경을 하늘로 향했을 때, 망원경으로 본다고 우주에 있는 천체의 개수가 늘어날 거라고 생각하지 않았다. 하지만 갈릴레오는 망원경으로 바라본 밤하늘에서 놀랍게도 새로운 것을 찾아냈다.

1610년 1월 초, 갈릴레오는 목성 양쪽에서 작은 빛나는 점들을 발견했다. 처음에는 망원경 덕분에 볼 수 있게 된 다른 희미한 별들과 같은 천체들이라고 생각했다. 하지만 며칠 밤 동안 계속 관찰하다 보니 이상한 현상을 발견했다. 이 '빛나는 점'이 밤마다 개수도 바뀌고 위치도 바뀌는 것이었다. 심지어 하룻밤 사이에도 움직임이 확인됐다. 몇 주 동안 이 빛나는 점들이 어떻게 움직이는지 지켜본 갈릴레오는 놀라운 사실을 깨달았다. 자신이 본 것은 별이 아니라 목성 둘레를 도는 네 개의 위성이었다는 것을. 이 발견은 지구가 모든 천체들이 도는 중심이 아니라는 걸 보여주는 증거였다. 물론 목성이 목성 주위를 도는 위성들의 중심이라는 것이 발견됐다고 해서 지구가 우주 전체의 중심이 아니라는 건 아니었다. 여전히 지구가 우주의 중심이라는 생각은 흔들리지 않았다.

하지만 같은 해 갈릴레오가 금성을 관측하기 시작하면서 상황이 달라졌다. 금성이 달처럼 모양이 바뀌는 것을 발견했기 때문이다. 초승달 모양이 되었다가 보름달 모양이 되었다가 하기를 반복했다. 이론적으로는 금성이 태양 주위를 돌고 태양이 지구 주위를 도는 것도 가능했다. 목성의 위성들이 목성 주위를 돌고 목성이 지구 주위를 도는 것처럼 말이다. 사실 2000년 동안 천문학자들은 이런 식으로 복잡하게 설명해서라도 지구를 우주 중심에 두려고 애써왔다. 하지만 이번에는 달랐다. 실제로 눈으로 지구가 중심이 아니라는 증거를 확인했다. 아리스토텔레스는 지구에서 하늘의 모든 천체들까지는 도저히 닿을 수 없는 먼 거리라고 했는데, 갈릴레오가 실제 관측으로 그 거리를 극복해 낸 것이다. 70여 년 전 폴란드의 천재 니콜라우스 코페르니쿠스가 내놓은 태양 중심 우주 이론, 즉 지동설이 단순한 수학 이론이 아니라 실제 현실이라는 증거가 점점 늘어나고 있었다.

"하늘의 모든 새로운 현상을 발견하는 행운은 오직 내 몫이었다"라고 갈릴레오는 훗날 회고했다. 다른 천문학자들이 망원경을 계속 발전시키지 않았다면 정말 그랬을 수 있다. 하지만 렌즈를 새로 다듬고, 경통을 더 길게 하는 등 각자 나름의 방법으로 망원경을 발전시켜나갔다.

1655년, 갈릴레오가 죽고 13년이 지난 후, 네덜란드 천문학자 크리스티안 하위헌스Christiaan Huygens는 50배까지 확대할 수 있는 망원경으로 또 다른 위성을 발견했다. 이번에는 토성 주위를 도는 위성이었다. 1년 후, 그는 두 배나 더 강력한 망원경으로 갈릴레오를 애태웠던 수수께끼를 해결했다. 갈릴레오가 토성 양쪽에서 나타났다 사라졌다 하는 이상한 손잡이 같은 것을 봤는데, 그 정체를 알아낸 것이다. 하위헌스는 이 손잡이처럼 보이는 이상한 형체는 사실 토성과는 전혀 닿아있지 않은 얇고 평평한 고리임을 밝혀냈고, 그 고리는 지구에서 어떤 각도로 보이느냐에 따라 보였다 안 보였다 했다. 그 후 수십 년 동안 조반니 도메니코 카시니Giovanni Domenico Cassini는 토성의 위성을 네 개 더 발견했고, 토성 주위의 고리도 하나가 아니라 매우 많은 고리가 간격을 갖고 존재한다는 것을 알아냈다.

이렇게 우주를 보는 우리의 시야가 한층 더 넓어졌다. 지구는 더 이상 다른 모든 것과 떨어져 있는 특별한 존재가 아니었다. '지상'이라는 말은 여전히 지구만을 가리켰지만, 이제 지구 역시 하늘에 떠 있는 수많은 천체 중 평범한 하나가 됐다. 18세기 초에 사람들이 쓰기 시작한 표현을 빌리자면, 지구는 '태양계'의 한 구성원이 됐다. 태양계라는 말은 참 절묘하다. '태양'이 들어간 건 우리 모두가 같은 태양 주위를 돌고 있기 때문이고, '계系'라는 글자가 붙은 건 뉴턴이 1687년에 밝혀낸 만유인력의 법칙 때문이다. 이 법칙에 따르면 우주의 모든 천체는 서로를 끌어당기며 영향을 주고받는다. 하나의 거대한 중력의 그물망으로 연결돼 있는 것이다.

21세기가 시작될 무렵, 태양계는 이전까지 알던 것보다 훨씬 복잡한 곳이 돼 있었다. NASA에서 10년 마다 조사하는 우선 순위 사업 계획에서 차세대 우주망원경(훗날 제임스 웹 우주망원경)을 정식으로 승인했을 때, 태양계의 위성도 수십 개나 더 찾아냈고, 행성 고리도 여기저기서 발견됐다. 놀랍게도 위성 주변에서도 고리가 나타났다. 차세대 우주망원경은 아직 뭘 할 수 있을지 토론하는 단계였다. 1980년대부터 줄곧 말해온 두 가지 목표는 이미 정해져 있었다. 하나는 우리 은하 안에서 다른 별을 도는 행성을 찾는 것, 또 하나는 우주가 시작된 곳까지 닿을 만큼 멀리 있는 은하들을 관측하는 것이었다. 이제는 과학자들이 머리를 맞대고 진지하게 고민해야 할 시점이었다. 이 망원경으로 또 뭘 할 수 있을까? 갈릴레오가 별생각 없이 시작했던 태양계 연구도 가능할까?

바로 이런 욕심이 문제였다. 댄 골딘이 1990년대에 그토록 경고했던 게 이거였다. "빨리빨리, 싸게싸게, 그러면서도 제대로." 댄 골딘이 늘 외치던 구호였다. 사실 그의 방식도 나름 효과가 있었다. 1997년 화성 탐사선 패스파인더

Pathfinder는 소저너Sojourner라는 조그만 탐사 로봇을 화성에 안전하게 착륙시켰다. 1998년에는 달 탐사선이 달에 얼음이 있다는 증거를 찾아내기도 했다.

그러다가 1999년에 대형 사고가 터졌다. 우주 임무 세 개가 줄줄이 실패했는데, 실패 이유를 들으면 얼굴이 화끈거릴 정도였다. 광시야 적외선 망원경Wide-Field Infrared Explorer은 어이없게도 설계를 잘못해서 발사하고 나서 몇 시간도 안 돼 먼지 차단막이 그냥 떨어져 나갔다. 또 화성 극지 착륙선The Mars Polar Lander은 화성에 착륙하려다가 엔진이 일찍 꺼져서 그대로 곤두박질쳤다. 그중에서도 진짜 황당한 건 화성 기후 궤도선Mars Climate Orbiter이었다. 화성 대기에 들어가다가 각도를 완전히 잘못 잡아서 실패했는데, 이유가 정말 기가 막혔다. 파운드와 마일로 계산한 걸 킬로그램과 킬로미터로 바꾸는 걸 까먹었다.

2002년, 골딘은 결국 자리에서 물러났다. 2001년에 정권이 바뀐 데다가 1999년의 대형 사고들까지 겹쳐서 자리를 지킬 수 없었다. NASA는 은근슬쩍 옛날 방식으로 돌아가고 있었다. 여러 번 나눠서 임무를 수행하는 대신 한 번에 몰아서 하자는, 그런 식이었다. 하이디 해멀이 자기 분야에서 앞으로 10년을 내다봤더니 막막했다. 새로운 행성 탐사 계획이 단 하나도 없었다. 그래서 태양계 과학 분야를 살리겠다는 마음으로 차세대 우주망원경의 과학자문위원회에 들어가겠다고 손을 들었다. 이유는 간단했다. 차세대 우주망원경이 태양계 연구를 외면하면, 태양계를 연구할 차세대 천문학자들도 사라질 테니까.

천문학은 크게 보면 두 가지 방식으로 이뤄진다. 첫 번째는 '발견'이다. 일단 저기 뭐가 있나 한번 봐보자. 이런 마음으로 망원경을 들이대는 것이다. 새 장비를 손에 넣었거나 아무도 안 가본 곳을 볼 때는 이렇게 시작한다. 갈릴레오도 그랬다. 집 뒤뜰에 망원경 놓고 목성을 봤다. 그냥 뭐가 보이나 싶어서 본 건데, 그게 인류의 우주관을 통째로 바꿔버렸다. 허블 우주망원경도 마찬가지였다. 처음엔 그냥 이것저것 봐보자는 식이었다. '딥 필드'라고 해서 하늘의 아무것도 보이지 않는 영역 하나를 골라 계속 들여다봤는데, 거기서 나온 이미지가 우리 우주에 대한 상식을 뒤집어놨다.

하지만 시간이 지나면서 허블 우주망원경도 달라졌다. 이제는 그냥 뭐가 있나 보는 단계를 넘어섰다. 가설을 세우고, 분석하고, 의미를 찾는 단계로 들어갔다. 우주에 뭐가 있는지는 대충 알게 됐으니, 그럼 이제 뭘 더 알아내야 할까? 허블 딥 필드에서 은하 수천 개를 발견했다. 좋다, 그럼 그 은하들에게서 정확히 뭘 알아낼 수 있을까? 과학자들은 이제 훨씬 까다로운 질문에 답해야 했다. 연구 목표를 콕 집어서 말해야 했고, 그걸 어떻게 할 건지 구체적으로 설명해야 했으며, 다른 망원경도 많은데 왜 꼭 허블을 써야 하는지 설득해야 했다.

해멀은 과학자문위원회에 들어갔다. 그녀가 낸 제안서는 마침 '발견' 단계에 딱 맞는 내용이었다. "뭘 관측하든 새로운 걸 발견할 수밖에 없다"고 썼으니 말이다. 물론 발사 시기가 가까워지면 위원회에서 구체적인 연구 계획을 수립하고 망원경 시간도 배분할 것이었다. 하지만 지금은 그런 단계가 아니었다. 해멀이 자문위원으로서 할 일은 간단했다. 그녀 말대로 "계속 목소리를 내는 것"이었다. 매년 회의에 나가고, 또 나가고, 또 나가야 했다. 그리고 똑같은 말을 반복해야 했다. 태양계 연구에 꼭 필요한 두 가지 기능을 빼먹지 말라고. 하나는 혜성이나 소행성, 위성처럼 매우 빠르게 움직이는 천체를 추적하는 기능이었고, 다른 하나는 화성이나 목성의 대적점 같은 밝은 천체를 똑바로 바라볼 수 있는 기능이었다. 해멀에게 이건 단순한 기능 문제가 아니었다.

자신이 평생 걸쳐 키워온 분야가 살아남느냐 사라지느냐의 문제였다.

1980년대 중반, 하와이 대학교 대학원생이던 해멀은 과감한 선택을 했다. 외행성 연구라는, 아직 아무도 제대로 손대지 않은 분야를 택했다. 천왕성과 해왕성은 워낙 멀어서 천문학자들도 이제 막 살펴보기 시작한 참이었다. 천왕성만 해도 지구에서 16천문단위(AU)나 떨어져 있었다. 1AU는, 지구와 태양 사이 거리를 기준으로 잡은 것인데, 킬로미터로 따지면 약 1억 5,000만 킬로미터다. 그러니까 천왕성까지는 22억 킬로미터나 된다. 해왕성은 더 멀었다. 거의 29AU, 천왕성보다 두 배 가까이 더 멀었다. 그런데 마침 좋은 기회가 오고 있었다. 1977년에 쏘아 올린 NASA의 보이저 2호가 태양계 밖으로 나가는 길에 천왕성과 해왕성을 스쳐 지나갈 예정이었다. 무엇을 발견할지는 아무도 몰랐다. 하지만 틀림없이 놀라운 것들을 보여줄 터였다. 아무도 가보지 않은 곳으로 뛰어드는 모험, 바로 이런 게 해멀을 설레게 했다.

해멀은 뼛속까지 데드헤드Deadhead였다. 그레이트풀 데드Grateful Dead라는 밴드의 광팬이었다는 뜻이다. 그들의 콘서트라면 어디든 쫓아다녔다. 훗날 MIT에서 박사후연구원으로 일할 때, 데드헤드 채팅방에서 미래의 남편을 만나기도 했다. 그레이트풀 데드 공연의 매력은 예측불가능성이었다. 음악이 어디로 튈지 아무도 몰랐다. 밴드 멤버들도 몰랐으니 말이다. 관객들과 뮤지션들이 하나가 돼, 목적지가 정해지지 않은, 가다보면 알게 되는 즉흥적인 여행을 떠나는 느낌이었다. 그게 바로 '발견'의 본질이었다.

해멀은 외행성을 연구하는 다른 젊은 천문학자들과 함께 특별한 초대를 받았다. 캘리포니아 패서디나의 제트추진연구소Jet Propulsion Laboratory, JPL에서 온 초대였다. 1985년 말에서 1986년 초, 보이저 2호가 천왕성 이미지를 지구로 보내올 때 직접 와서 보지 않겠냐는 것이었다. 보이저 2호는 기대 이상이었다. 천왕성을 관측한 결과는 정말 놀라웠다. 그때까지 몰랐던 위성 11개를 새로 찾았고, 고리도 2개나 더 발견했다. 대부분의 천문학자들은 환호했지만 해멀은 좀 아쉬웠다. 본인 전공인 행성 대기에 관한 정보는 거의 없었다.

그렇게 해멀은 3년을 더 기다려야 했다. 보이저 2호가 해왕성에 도착하는 날까지. 하지만 이번엔 마음가짐이 달랐다. 또다시 옆에서 구경만 하고 싶지 않았다. 남들이 데이터 받아서 이러쿵저러쿵 분석하는 걸 그저 바라보기만 하는 건 싫었다. 이번엔 해멀이 직접 그 자리에 서고 싶었다.

해멀은 하와이 대학교로 돌아왔다. 그리고 2년 동안 마우나케아 산꼭대기에 있는 88인치 망원경에 매달렸다. 해왕성 대기를 파헤치기 위해서였다. 놀랍게도 관측을 시작하자마자 이상한 점을 발견했다. 다른 천문학자들은 지난 10년 동안 해왕성 북반구와 남반구에서 구름을 여러 개 봤다고 했는데, 해멀 눈에는 구름이 딱 하나밖에 보이지 않았다. 나머지는 다 어디로 사라진 걸까? 도무지 알 수가 없었다.

그리고 또 하나의 발견이 이어졌다. 해멀은 구름이 행성과 함께 도는 움직임을 추적했다. 그 결과 놀라운 사실을 알아냈다. 해왕성이 다른 천문학자들이 생각했던 것보다 훨씬 빨리 자전하고 있었다.

1989년 8월, 드디어 보이저 2호가 해왕성에 다가갔다. 그즈음 해멀은 이미 외행성 분야에서 꽤 유명해져 있었다. 덕분에 이번엔 그냥 보기만 하는 사람이 아니라 연구에 직접 참여할 수 있게 됐다. 하지만 JPL에 가서 일을 할 수는 없었다. 88인치 망원경을 이용한 관측전문가라는 게 오히려 발목을 잡았다. 그리고 그 망원경이 하와이에 있으니 어쩔 수 없이 거기 있어야 했다. 태평양 건너 JPL에서는 보이저 2호가 보낸 사진을 받고 있었고, 해멀은 하와이에서 그 사진들을 뒷받침할 데이터를 모으는 일을 맡았다.

이번엔 해왕성이 해멀의 기대를 저버리지 않았다. 해멀이 그토록 바라던 신비한 대기 현상들이 줄줄이 나타났다. 우선 지구만 한 거대한 폭풍이 나타났다. 해멀도 이름 짓는 데 참여해서 '대암점Great Dark Spot'이라고 부르게 됐다. 다른 폭풍들도 있었는데, 희한하게도 생겼다가 금세 사라지곤 했다. 구름들은 정말 믿기 힘들 정도로 빨리 움직였다. 그리고 드디어 해왕성 고리의 존재도 확인됐다. 예전에 어떤 천문학자들은 분명히 봤다고 장담했지만, 또 다른 천문학자들은 아무리 봐도 안 보인다고 맞섰던 바로 그 고리였다.

특히 가장 안쪽에 있는 고리들이 해멀의 눈길을 끌었다. 먼지가 있는 것처럼 보였기 때문이다. 그런데 생각해보면, 행성 구름층 바로 옆에 먼지가 떠다닌다는 것은 대기에 뭔가 영향을 줄 수도 있다는 뜻이었다. 더 가까이서 들여다보고 싶었지만, 일단은 이 정도로 만족해야 했다. 그녀는 아직 젊었고, 연구자로서의 삶도 이제 막 시작한 참이었으니까.

그 후 30년이 흘렀다.

그동안 제임스 웹 우주망원경의 발사 예정일은 계속 미뤄지고 있었다. 2010년대 중반에 발사 예정이었던 제임스 웹 우주망원경 발사는, 2010년대 후반으로 밀렸다가, 결국

2020년대 초로 넘어갔다. 그동안 태양계는 많이 달라져 있었다. 새로운 천체들이 잔뜩 발견되면서 분류 체계는 복잡해졌고, 행성은 오히려 하나 줄었다.

천문학자들은 1970년대 후반부터 명왕성에 카론Charon이라는 위성이 있다는 걸 알고 있었다. 당연한 일이었다. 행성은 대부분 위성을 거느리고 있으니까. 그런데 1992년에 특이한 천체가 하나 발견됐다. 명왕성처럼 태양계 변두리에 있으면서, 다른 행성 주위를 도는 게 아니라 태양 주위를 직접 도는 천체였다. 해왕성도, 천왕성도, 토성도, 목성도, 화성도, 지구도, 금성도, 수성도 모두 태양 주위를 돈다. 그런데 이 새로운 천체도 그랬다. 그럼 이것도 행성인가?

그 천체의 이름은 알비온Albion이었다. 이 발견으로 천문학자들의 오랜 의구심이 마침내 풀렸다. 사실 1930년에 클라이드 톰보Clyde William Tombaugh가 명왕성을 발견했을 때부터 뭔가 이상했다. 아홉 번째 행성이라는 명왕성이 너무 특이했다. 태양에서 40AU나 떨어진 곳, 태양에서 해왕성까지 거리에서 그 3분의 1이나 더 가야 하는 곳에 작은 바위 덩어리가 덩그러니 놓여 있다니. 이건 태양계의 아름다운 질서를 깨는 존재였다. 태양에서 시작해서 태양계를 구성하는 행성을 살펴보면 처음엔 딱딱한 바위 행성 네 개가 차례로 나온다.

수성, 금성, 지구, 화성. 그다음엔 작은 바위들이 모여 있는 소행성대. 그 너머엔 거대한 가스 덩어리인 목성과 토성. 마지막으로 얼음 거인 천왕성과 해왕성. 이렇게 깔끔하게 정리되는데, 갑자기 해왕성 너머에 웬 돌멩이가? 그것도 홀로? 알비온이 발견되면서 비로소 수수께끼가 풀렸다. 명왕성은 혼자가 아니었던 것이다.

알비온 발견 이후, 천문학자들이 본격적으로 움직이기 시작했다. 여러 연구팀이 비슷한 천체를 찾아 나섰는데, 특히 샌디에이고 북동쪽 산에 있는 팔로마 천문대Palomar Observatory가 중심이 됐다. 목표는 분명했다. 태양에서 명왕성과 비슷한 거리에 있으면서, 다른 행성이 아닌 태양을 중심으로 도는 천체를 찾는다. 결과는 기대 이상이었다. 2002년 콰오아르Quaoar를 시작으로 줄줄이 발견이 이어졌다. 2003년엔 세드나Sedna, 2004년엔 오르쿠스Orcus와 하우메아Haumea, 2005년엔 에리스Eris와 마케마케Makemake, 2007년엔 공공Gonggong까지. 명왕성과 비슷한 천체들이 우르르 나타났다.

천문학자들은 이 새로 발견한 천체들을 뭐라고 불러야 할지 고민에 고민을 거듭했다. 결국 '왜소행성dwarf planet'이라는 이름을 붙였다. 그리고 2006년, 국제천문연맹은 명왕성마저 이 왜소행성 그룹으로 강등시켜버렸다. 그런데 문제는 여기서 끝이 아니었다. 태양계 변두리를 뒤져보니 작은 천체들이 수천 개씩 튀어나왔다. 행성이라고 하기엔 너무 작고, 왜소행성이라고 하기에도 애매한 것들이었다. 그래서 이 지역에 떠다니는 모든 천체들을 '카이퍼 벨트 천체Kuiper Belt Object, KBO'라고 부르기로 했다. 1951년에 네덜란드 천문학자 제라르 카이퍼Gerard Kuiper가 "해왕성 너머에 뭔가 있을 거야"라고 예언했던 게 맞아떨어진 것이다. 그런데 또 문제가 생겼다. 카이퍼 벨트 밖에 있는 천체들은 뭐라고 불러야 할까? 아예 해왕성 너머에 있는 모든 것을 포괄하는 이름이 필요했다. 그래서 만든 게 '해왕성 바깥 천체Trans-Neptunian object, TNO'라는 범주였다.

태양계에서는 새로운 천체가 계속 발견되고 있었다. 그런데 아이러니하게도 제임스 웹 우주망원경으로 태양계를 연구할 수 있을지는 점점 불투명해지고 있었다. 사실 처음엔 괜찮았다. 2001년에 임시 과학자문위원회가 10년 계획을 수립하면서 '움직이는 천체 추적' 기능을 레벨1 필수 기능 사항으로 못 박아뒀기 때문이다. 혜성이나 소행성처럼 빠르게 움직이는 천체를 쫓아가려면 이 기능이 꼭 필요했다. 문제는 이게 임시 과학자문위원회의 비공식 결정이었다는 점이다. 말이 필수지, 강제력은 없었다. 몇 년 뒤 해멀은 정식

과학자문위원회의 위원이 돼 제임스 웹 우주망원경 레벨1 필수 기능 사항의 우선 순위를 다시 확인하다가 눈을 의심했다. 움직이는 천체 추적 기능이 목록에서 사라져 있었다.

이 결정에는 나름의 논리가 있었다. 제임스 웹 우주망원경의 두 가지 핵심 임무를 보면 이해가 된다. 첫째, 우리 은하에 있는 다른 별을 돌고 있는 외계 행성 관측. 둘째, 극초기 우주의 은하 관측. 이 천체들은 워낙 멀리 있어서 움직임이 거의 감지되지 않는다. 빠른 추적 기능이 굳이 필요 없는 것이다. 물론 레벨1에서 제외됐다고 해서 이 기능이 아예 사라지는 건 아니었다. 하지만 불안한 건 사실이었다. 예산이 부족해지면 제일 먼저 도마 위에 오를 게 뻔했다. 그럼 태양계 연구는 그렇게 끝나게 된다.

STScI의 태양계 천문학자들도 점점 줄어들고 있었다. 허블 우주망원경 개발 초기부터 한창 운영을 하던 시기까지는 연구소의 핵심 멤버였는데, 2010년대 초에는 딱 한 명만 남았다. 그마저도 결국 사표를 냈다.

하지만 발사는 계속 연기되고 예산은 눈덩이처럼 불어나는 상황에서 새로운 인력을 뽑는다? 명분이 없었다. 해멀과 동료들은 머리를 짜냈다. 그러다가 묘수를 떠올렸다. '디더링dithering'이었다.

디더링이란 천체 사진을 찍을 때 흔히 쓰는 디지털 기법이다. 특히 은하를 관측할 때 유용하다. 방법은 간단하다. 사진을 여러 장 찍는데, 한 장 찍을 때마다 검출기를 아주 살짝씩 움직이는 것이다. 왜 그렇게 하는 것일까? 사진을 찍다 보면 일부 픽셀에 엉뚱한 신호가 잡힐 때가 있다. 예를 들어 우주선cosmic ray 같은 것 말이다. 태양에서 날아왔을 수도 있고, 아주 먼 우주에서 왔을 수도 있다. 어디서 왔던 간에 이런 신호는 방해만 된다. 하지만 여러 장을 찍어두면 해결책이 있다. 나중에 이미지를 합칠 때 문제가 있는 픽셀은 정상적인 픽셀로 바꿔치기하면 된다. 그러면 깨끗하고 완전한 사진을 얻을 수 있다.

해멀과 동료들은 이 기법을 다른 곳에 써보자고 제안했다. 멀리 있는 고정된 천체가 아니라, 가까이에서 움직이는 천체를 추적하는 데 써보자는 것이었다. 그들의 논리는 간단했다. 어차피 제임스 웹 우주망원경은 디더링을 할 예정이었다. NASA의 전문가들도 고개를 끄덕였다. 맞는 말이었다. 덕분에 태양계 천문학은 제임스 웹의 연구 분야로 살아남을 수 있었다. 2012년, STScI는 태양계 전문가인 존 스탠스베리John Stansberry를 채용했다.

그즈음 해멀은 이미 연구 현장을 떠난 상태였다. 2010년,

쉰 살에 AURA 부국장이 됐다. AURA는 여러 천문학 연구 기관을 총괄하는 독립 조직이다. 하지만 제임스 웹 우주망원경 초창기부터 여러 분야를 아우르는 과학자로 참여하고 과학자문위원회 위원으로 활동했던 해멀에게는 특별한 권리가 있었다. 망원경 첫해 운영 기간 중 100시간의 관측 시간이 무조건 보장됐다. 이름 그대로 '보장 관측 시간Guaranteed Time Observation'이었다. 완전히 해멀이 원하는대로 관측 시간을 사용할 수 있었다. 원하면 남에게 줄 수도 있었다. 그녀가 선택한 사람이면 누구든 상관없었다.

이를 테면, 다음 세대에 줄 수도 있었다.

1993년, 천문학자들이 혜성 하나를 발견했다. 목성에 너무 가까이 다가갔다가 엄청난 중력에 붙잡혀 조각조각 부서지고 있었다. 계산해보니 슈메이커-레비 9 혜성의 파편들이 1994년 7월에 목성과 충돌하게 되리라는 것을 확인했다. 수많은 천문학자들이 이 충돌을 관측하려고 허블 우주망원경 사용을 신청했고, 해멀도 그중 하나였다. NASA는 다섯 개의 관측제안서를 골라서 하나로 합쳤다. 그리고 해멀을 책임자로 뽑았다. 해멀 자신도 깜짝 놀랐다.

아무도 어떤 일이 벌어질지 몰랐다. 태양계에서 두 천체가 충돌하는 걸 본 사람은 아직 아무도 없었기 때문이었다. 확실한 건, 전 세계가 허블 우주망원경이 보내오는 영상을 지켜볼 것이라는 점이었다.• 혜성 조각들이 목성에 충돌하기까지 몇 달이 남았을 때, 해멀은 관측 신청을 했던 동료들을 일일이 찾아갔다. 그리고는 본인이 책임자라면 발견하고 싶은 것이 무엇인지 물었다.

"거대한 폭발 기둥이요. 정말 어마어마한 걸로." 누군가 답했다.

"물의 흔적을 찾고 싶어요." 다른 사람이 답했다.

"분광 분석을 해보고 싶습니다." 세 번째 과학자가 말했다.

7월 22일, 일주일 동안 쏟아진 우주 폭격이 끝났다. 모두

• 사실 이게 가능했던 건 해멀 덕분이었다. 그녀는 이 역사적 순간을 교육 기회로 만들자고 NASA를 설득했다. 언론 홍보도 철저히 준비했다. 1994년 7월 16일, STScI 강당에서 기자회견이 한창이었다. 혜성을 발견한 데이비드 레비와 슈메이커 부부가 "너무 기대하지 마세요"라고 말하고 있던 바로 그 순간, 바로 아래층에서는 해멀 팀이 허블 영상을 받기 시작했다. 영상은 충격적이었다. 엄청난 폭발이 생생히 담겨 있었다. '세상에.' 해멀은 숨이 멎을 것 같았다. "위로 올라가야겠어." 강당으로, 그리고 온 세상으로. "안 됩니다." NASA 담당자가 막았다. "빨리 인쇄해 줘." 해멀이 보좌관에게 지시했다. 곧바로 그녀는 기자회견장으로 뛰어들어갔다. 인쇄물을 천문학자들에게 보여주고는 기자들을 향해 돌렸다. 그녀의 들뜬 모습과 넘치는 열정은 모두를 사로잡았다. 덕분에 일주일 내내 매일 관련된 최신 소식을 전하게 됐다. 2002년, 하이디 해멀은 어려운 행성과학을 일반인도 이해할 수 있게 설명한 공로로 미국천문학회 세이건 메달을 받았다.

의 소원이 이루어졌다. 허블이 거대한 폭발 기둥을 잡아냈다. 하늘로 치솟는 파편들도 보였다. 목성 대기에 뚫린 검은 구멍들도 분광 분석으로 들여다볼 수 있었다.

해멀은 제임스 웹 우주망원경에서 받은 100시간을 어떻게 쓸지 고민하면서 똑같은 방법을 썼다. 태양계를 연구하는 동료들을 만났다. 특히 젊은 과학자들에게 물었다. 뭐가 제일 보고 싶냐고.

"분광 분석이요." 한 사람이 답했다.

"저도 분광 분석입니다." 다른 사람이 말했다.

"저도 마찬가지예요." 세 번째도 똑같았다.

모두가 분광 분석이라고 대답하는 것은 어찌보면 당연했다. 애초에 제임스 웹의 핵심 기능이 바로 분광 분석이기 때문이었다. 다른 방법으로는 절대 알 수 없는 분광 분석만이 줄 수 있는 정보가 있다. 불과 얼마 전까지만 해도 상상조차 못했던 정보들이 이제는 천문학 연구의 기본이 됐다.

1830년대에 프랑스 철학자 오귀스트 콩트Auguste Comte가 이런 말을 했다. 알 수 없는 건 연구할 가치도 없다고. 그러면서 반박할 수 없는 예시를 들었다. 바로 천체가 어떤 성분으로 만들어졌는가를 묻는 질문이었다. "천체의 모양이나 거리, 크기, 움직임은 알 수 있습니다. 망원경으로 볼 수 있으니까요. 하지만 화학 성분이나 광물 구조는? 절대 불가능합니다. 어떤 방법을 써도 말이죠." 그는 한 술 더 떠서 이렇게까지 말했다. "장담하는데, 영원히 불가능할 겁니다."

아리스토텔레스와 그 제자들이 망원경을 상상도 못했듯이, 콩트도 마찬가지였다. 망원경이 멀리 있는 천체를 눈앞으로 가져다주었다면, 콩트가 상상조차 못한 도구는 멀리 있는 천체의 성분을 우리 손에 쥐여줄 터였다. 아이러니하게도 콩트가 "절대 불가능하다"고 단언하던 바로 그때, 이미 그 방법이 존재했다는 점이다. 단지 아무도 그 사실을 알아차리지 못했을 뿐이었다.

1815년, 독일의 안경 제작자 요제프 폰 프라운호퍼Josef von Fraunhofer가 뉴턴의 프리즘 실험을 따라 해봤다. 햇빛을 프리즘에 통과시켜 무지개색 스펙트럼을 만드는 실험이었다. 그런데 프라운호퍼는 색다른 시도를 했다. 햇빛을 프리즘에 보내기 전에 먼저 망원경을 통과시켰다. 그러자 놀라운 일이 벌어졌다. "무수히 많은 진하고 연한 세로줄"이 나타난 것이다. 분명 똑같은 햇빛인데, 망원경이 육안으로는 볼 수 없던 뭔가를 보여주고 있었다. 대체 이게 뭘까? 프라운호퍼도 알 수 없었다.

1859년, 콩트가 죽은 지 2년 만에 독일 과학자 두 명이 마침내 그 선들의 비밀을 풀었다. 화학자 로베르트 빌헬름 분젠Robert Wilhelm Bunsen과 물리학자 구스타프 로베르트 키르히호프Gustav Robert Kirchhoff였다. 그 선들의 정체는 놀라웠다. 빛을 내는 물질의 화학 성분을 보여주는 지문이었다. 각 화학 물질마다 나름의 독특한 무늬가 있었다. 원리는 간단했다. 망원경을 어떤 천체로든 향하고, 그 빛을 렌즈에 통과만 시키면 된다. 콩트가 절대 불가능하다던 일이 가능해진 것이다. 전자기파를 잘게 쪼개서 분석하는 분광학 덕분에, 이제는 연구실에 앉아서도 수천, 수백만, 아니 수십억 광년 떨어진 천체가 무엇으로 만들어졌는지 알 수 있게 됐다.

제임스 웹 우주망원경이 분광 관측에 집중하는 건 당연한 일이었다. 애초에 제임스 웹 우주망원경의 두 가지 핵심 목표가 분광 관측을 필요로 했기 때문이다. 첫째는 우리 은하에 있는 외계 행성의 대기와 그 행성을 거느린 별들의 성분 분석. 둘째는 가장 오래된 은하들의 화학적 구성과 물리적 특성, 그리고 거리 측정이었다. 일반인들은 분광학이 뭔지 모를 수도 있지만 천문학자들은 달랐다. 그들이 제임스 웹 우주망원경 발사를 손꼽아 기다린 진짜 이유가 있었다. 제임스 웹 우주망원경은 근적외선과 중적외선 영역에서 분광 관측을 할 예정이었는데, 이 파장대는 지금까지 사용된 천체 관측용 분광기들이 겨우 시작한 미지의 영역이었다. 그동안 제임스 웹 우주망원경처럼 정밀하게 관측하는 일은 꿈도 꿀 수 없었다.

태양계 전문가들에게는 특별한 선물이 하나 더 있었다. 제임스 웹 우주망원경이 지금까지 한 번도 분광 분석을 못 해본 천체들을 들여다볼 거라는 점이었다. 왜 못 해봤을까? 답은 간단하다. 그런 천체들이 있는지도 몰랐으니까. 새로 발견된 소행성들, 해왕성 바깥 천체들, 카이퍼 벨트 천체들…. 또 뭐가 있을지 아무도 몰랐다.

그야말로 발견의 향연이 될 터였다. 해멀은 보장된 제임스 웹 우주망원경의 100시간 관측 시간을 전부 이 프로젝트에 내놓았다. 2012년에 STScI에 들어온 태양계 천문학자 스탠스베리도 자기 시간을 일부 기부하면서, 동시에 자신의 전문 분야인 카이퍼 벨트 천체를 연구할 동료들을 모았다. 다른 천문학자들도 각자 전문 분야에서 협력 체계를 만들어 연구를 위한 관측이 중복되지 않도록 했다. 해멀은 이 프로젝트를 "태양계 샘플러"라고 불렀다. 말하자면 태양계 천체 목록을 업데이트하는 작업이었다. 맞다. 하지만 단순한 업데이트는 아니었다. 제임스 웹 우주망원경은 태양계 천체들의 리스트만 만드는 게 아니라, 그것들의 역사까지 밝혀낼 참이었다.

이렇게 역사에 주목한 건 천문학자들의 시각이 달라졌기 때문이다. 지난 20~30년 동안 바뀐 건 단순히 태양계 천체 목록만이 아니었다. 태양계를 이해하는 방식 자체가 완전히 새로워졌다.

물론 제임스 웹 우주망원경 관측 시간을 신청한 태양계 천문학자들이 던진 질문은 200년 전 선배들과 크게 다르지는 않았다. '저 밖에 뭐가 있을까?' '어떻게 움직일까?' 그런데 이제 세 번째 질문이 떠오르기 시작했다. 분광 분석이라는 도구가 없었다면 상상도 못했을 질문이었다. 혜성, 소행성, 카이퍼 벨트 천체, 해왕성 너머 천체, 행성, 고리, 위성 등, 이 모든 걸 분광 분석으로 들여다볼 수 있게 되면서 질문할 수 있게 됐다. '뭐가 있나?', '어떻게 움직이나?'를 넘어서 '오랜 시간 동안 어떻게 변해왔나?'를 물을 수 있게 됐다.

이 천체들은 원래 어디 있었을까? 지금은 어디에 와 있나? 여기까지 어떻게 온 걸까?

다시 말해, 우리는 어떻게 여기 있게 된 걸까?

이런 질문에 답하기 위해선 태양계 천문학에 꼭 필요한

두 가지 기능이 있었다. 밝은 천체를 똑바로 쳐다볼 수 있는 능력, 그리고 빠르게 움직이는 천체를 놓치지 않고 따라가는 능력. 제임스 웹 우주망원경이 이 두 가지를 얼마나 잘해낼지는 2022년 여름에 실제로 관측을 시작하기 전까지 아무도 확신할 수 없었다.

UC 버클리의 천문학자 임케 드 파테르Imke de Pater는 제임스 웹 우주망원경 프로젝트의 행성 분야 최고 전문가였다.• 그녀가 이끄는 팀은 목성계 전체를 들여다보고 있었다. 목성은 물론이고 주변의 위성들과 고리까지. 드 파테르 박사 팀은 먼저 목성 본체를 들여다봤다. 10시간마다 한 번씩, 그러니까 목성이 자전을 한 바퀴 할 때마다 관측해서 대기의 움직임, 즉 바람의 움직임을 알아내려 했다. 그런데 뜻밖의 선물이 기다리고 있었다. 탐사 프로그램 책임자라면 누구나 바라는 그런 발견이었다. 목성 적도에서 초고속으로 움직이는 구름 띠를 잡아냈다.

그런데 제임스 웹 우주망원경이 목성을 똑바로 쳐다볼 수 있는지 못지않게 중요한 게 또 있었다. 목성 '주변'을 제대로

• 그녀도 해멀과 마찬가지로 1994년 슈메이커-레비 9 혜성이 목성과 충돌할 때 핵심적인 역할을 한 관측자였다. 차이가 있다면 해멀은 허블 우주망원경을 사용했고, 드 파테르는 하와이 마우나케아의 켁 천문대Keck Observatory에서 관측했다는 점이었다.

볼 수 있느냐였다. 목성은 고리보다 백만 배나 밝아서 고리와 목성을 한 번에 볼 수 있을지 의문이었다. 시험 촬영을 해보니 역시나 목성 빛밖에 안 보였다. 예상대로였다. 이제 과제는 데이터를 잘 처리해서, 목성의 눈부신 빛에 가려진 목성 주위의 것들을 드러내는 일이었다.

SETI 연구소의 행성과학자 마크 쇼월터Mark Showalter가 묘수를 찾아냈다. 목성에서 관측되는 빛의 패턴을 알아낸 것이다. 그걸 토대로 방해가 되는 빛을 전부 계산해서 빼버리자, 숨어 있던 고리와 위성들이 눈앞에 나타났다.

그런데 이것들을 본다고 끝이 아니었다. 태양계 천문학의 두 번째 숙제가 남아 있었다. 빠른 천체를 놓치지 않고 쫓아가는 일이었다. 해멀 팀이 제안한 디더링으로 가능하긴 했지만, 과연 얼마나 잘해낼 수 있을까?

발사 9개월 만에 망원경의 추적 성능을 제대로 검증할 절호의 기회가 생겼다. 2022년 9월 26일, NASA가 DART라는 실험을 수행했다. 우주 탐사선을 소행성 디디모스Didymos의 위성 디모르포스Dimorphos에 일부러 부딪치는 실험이었다. 언젠가 소행성이 지구로 돌진해 올 때를 대비한 방어 실험이었다. 우주선으로 소행성의 궤도를 바꿀 수 있는지 확인해보고자 한 것이었다. DART 탐사선과 허블 우주망원경이 충돌을 촬영하기로 되어 있었다. 그런데 태양계 천문학자 몇 명이 번뜩 아이디어를 냈다. 제임스 웹 우주망원경이 얼마나 빨리 추적할 수 있는지 한계를 시험해보자. 그리고 그 도전은 성공적이었다. 제임스 웹 우주망원경은 충돌 직전까지 디모르포스와 디디모스를 놓치지 않고 쫓아갔다. 그 순간 망원경은 기술적 허용치 추적 한계 속도의 3배로 추적하고 있었다.

"다시는 그 속도로 추적하지 않을 겁니다." NASA 담당자가 해멀에게 못을 박았다.

"괜찮습니다. 이해해요." 해멀이 대답했다. 정말로 이해했다. 하지만 중요한 건 따로 있었다. 이제 제임스 웹 우주망원경이 필요하면 한계를 조금 넘을 수 있다는 걸 확인했다는 점이었다. 태양계 탄생의 비밀을 쥐고 있는 천체들을 쫓아가야 하는 천문학자들에게는 반가운 소식이었다.

물, 물, 어디에나 물.

고다드 우주비행센터의 행성과학자 제로니모 비야누에바Geronimo Villanueva는 처음엔 데이터를 믿지 못했다. 사실 그의 팀은 물을 찾을 거라고 확신했다. 토성의 위성 엔셀라두스Enceladus를 선택한 이유도 그곳에 물이 있다는 걸 알았기 때문이다. 2005년에 카시니 탐사선이 아무도 몰랐던 물기둥을 뚫고 지나갔다. 엔셀라두스 남극 부근 표면 갈라진 틈에서 물이 뿜어져 나오고 있었다. 카시니가 바로 확인했듯이, 얼음으로 덮인 표면 아래에 바다가 있다는 증거였다. 그 후 13년 동안 천문학자들은 카시니를 6번이나 더 물기둥 속으로 보냈다. 결론은 이랬다. 물기둥 높이가 수백 킬로미터는 될 것 같다고. 엔셀라두스 지름이 약 500킬로미터인데, 물기둥이 그 절반 가까이 솟구친다는 뜻이었다. 정말 거대한 분출이었다.

하지만 비야누에바 팀의 발견은 그 모든 예상을 뛰어넘었다. 2022년 11월, 제임스 웹 우주망원경의 근적외선 분광기로 엔셀라두스를 4분 30초간 관측했다. 물 분자의 농도를 측정해 물기둥이 우주로 얼마나 뻗어나가는지 확인했다. 결과는 놀라웠다. 엔셀라두스 표면에서 시작된 물기둥이 무려 1만 킬로미터 이상 뻗어 있었다. 엔셀라두스 지름의 20배나 되는 높이였다. 지구로 치면 옐로스톤의 간헐천이 달까지 거리의 3분의 2 지점까지 물을 쏘아 올리는 격이었다.

관측 프로그램은 원래 기대했던 성과를 거두지 못했다. 카시니가 찾아낸 생명체 존재 가능성을 시사하는 메탄, 이산화탄소, 암모니아 같은 분자들이 보이지 않았다. 분광 분석으로 찾으려던 다른 물질들도 마찬가지였다. 일산화탄소, 에탄, 메탄올도 검출되지 않았다. 그런 점에서 결과는 아쉬웠다. 그래도 놀랄 일은 아니었다. 카시니는 물기둥 한복판을 날아가며 입자를 직접 건져 올렸지만 제임스 웹 우주망원경은 수억 킬로미터 밖에서 간신히 들여다보는 처지였으니까 말이다.

대신 제임스 웹 우주망원경은 카시니보다 훨씬 넓은 영역을 볼 수 있었다. 덕분에 물기둥 전체를 한눈에 담을 수 있었고, 주변 우주 공간까지 폭넓게 살펴볼 수 있었다. 가장 중요한 건 이미지의 픽셀 하나하나마다 스펙트럼을 뽑아낼 수 있는 장비를 갖췄다는 점이었다. 비야누에바와 팀원들이 각 픽셀의 스펙트럼 데이터를 봤을 때, 모두 숨이 멎는 듯했다.

모든 픽셀에서 물이 검출됐다.

'모든' 픽셀에서.

물은 분출 기둥에만 있는 게 아니었다. 기둥 주변에 살짝 퍼져 있는 것도 아니었다. 말 그대로 사방에 물이 있었다. 엔셀라두스는 단순히 물을 뿜어내는 수준이 아니었다. 물을 끊임없이 쏟아내면서 토성의 대기 자체를 바꿔놓고 있었다. 연구팀이 일정 기간 동안 방출되는 물의 양인 분출률을 15년

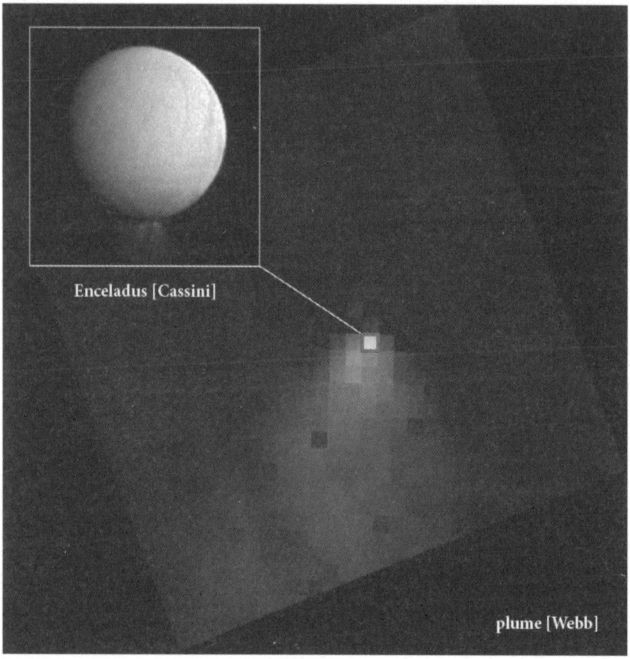

[작은 사진] 물, 그리고 어디에나 가득한 물: 2005년 카시니 탐사선이 발견한 장면. 얼음으로 뒤덮인 토성의 위성 엔셀라두스 남극 부근 갈라진 틈에서 물이 솟구치고 있다.
[큰 사진] 2022년 제임스 웹 우주망원경이 포착한 같은 현상의 전체 모습. 카시니 자료만 봤을 때는 물기둥이 수백 킬로미터 정도 올라갈 거라고 생각했다. 그런데 제임스 웹 우주망원경이 보여준 실제는 달랐다. 1만 킬로미터 이상 치솟은 물기둥이 토성과 고리, 위성들의 대기까지 바꿔놓고 있었다.

전 카시니 자료와 비교해보니 더욱 놀라웠다. 분출률이 그대로였다. 엄청난 속도와 양으로 내부 바다를 토성 주변 공간에 물을 쏟아붓고 있었다. 그 영향력은 인근의 모든 것에 미쳤다. 연구팀이 《네이처 천문학Nature Astronomy》에 발표한 논문의 표현을 빌리면, 엔셀라두스는 "토성계 전체의 물 공급원"이었다. 토성은 물론 고리와 위성들까지, 모두가 엔셀라두스에게서 물을 공급받고 있었다.

행성 대기 전문가들은 토성 환경에 대한 기존 이론을 수정해야 했다. 엔셀라두스가 알려준 사실들이 다른 천체에도 적용될지 따져봐야 했다. 태양계의 과학 연구는 이제 막 시작된 셈이다. 비야누에바는 자신들의 발견을 다룬 《네이처》 기사에서 "확실히 태양계 탐사의 새 시대가 열렸습니다"라고 언급했다.

위성 하나가 모행성인 토성의 전체 환경을 좌우한다는 건 놀라운 일이었다. 하지만 태양계를 전체적으로 보면 새삼스러울 것도 없었다. 물은 정말 어디에나 있으니까. 다른 행성에도, 혜성 표면에도, 위성 땅속에도 있다. 그리고 우리 지구에도 있다. 물이 없었다면 생명도 없었다.

지구의 물은 어디서 왔을까? 그 물에서 생명은 어떻게 시작됐을까? 이것은 제임스 웹 우주망원경의 태양계 연구가 다루고자 하는 핵심 미스터리였다. 학계의 오랜 가설은 간단하다. 태양계 형성 초기에 혜성들이 지구에 떨어지면서 물을 실어 날랐다. 제임스 웹 우주망원경이 이 가설을 뒤엎은 건 아니다. 대신 천문학자들이 태양계 진화 과정의 중요한 부분을 새로이 확인할 수 있었다.

혜성에 꼬리가 생기는 이유는 태양에 가까워질수록 표면 얼음이 기체로 바뀌기 때문이다. 천문학자들은 이 현상을 승화라고 한다. 그 얼음이 꼭 물일 필요는 없다. 일산화탄소나 이산화탄소 얼음일 수도 있다. 성분이 무엇이든, 태양에서 특정 거리까지 가면 녹기 시작한다. 그 경계를 '얼음선ice line'이라고 한다.

제임스 웹 우주망원경의 정밀한 분광 능력과 빠른 천체 추적 능력 덕분에 천문학자들은 혜성이 태양계를 여행하는 과정을 추적할 수 있게 됐다. 얼음에 갇힌 물질이 표면에만 있을까, 아니면 혜성 깊숙한 곳에서도 솟아오르는 것일까?

하지만 이런 기초적인 의문을 풀어갈 자료를 모으던 중, 천문학자들은 뜻밖의 현상을 발견했다. 어떤 혜성들은 예상보다 훨씬 태양에서 먼 곳에서도 승화하고 있었다. 이 현상은 새로운 질문을 불러왔다. 도대체 왜? 알 수 없었다. 혜성들이 태양을 향해 돌진했다가 다시 멀어지는 그 여정이 시작되는 태양계 외곽에서는 대체 무슨 일이 벌어지고 있을까? 그리고 가장 근본적인 질문인 혜성은 도대체 무엇일까?

그런데 혜성이, 아니 정확히 말하면 '혜성 같은 천체'가 소행성대에서 발견되고 있었다. 이게 왜 이상한 현상일까? 천문학자들은 소행성의 정체를 확실히 안다고 믿었기 때문이다. 소행성은 행성이 되다 만 잔해들이다. 양옆의 중력 때문에 하나로 뭉치지 못한 것들. 안쪽엔 화성, 바깥 쪽엔 중력이 훨씬 강력한 목성이 버티고 있었다. 1801년 이탈리아 사제이자 천문학자인 주세페 피아치Giuseppe Piazzi가 화성과 목성 사이에서 뭔가를 발견했을 때, 처음에는 행성인 줄 알았다. 그 뒤로 100년간 비슷한 '행성들(실제로는 소행성)'이 속속 발견됐다. 1920년대엔 1,000개, 1980년대엔 1만 개, 제임스 웹 우주망원경이 들여다보기 시작했을 때는 10만 개가 넘는 소행성이 발견돼 있었다.

그런데 그중 대략 십여 개쯤이 이상했다. 보통 소행성은 그냥 돌덩이다. 혜성처럼 이리저리 떠도는 게 아니라 수십억 년째 같은 자리를 지킨다. 태양에서 그만큼 떨어져 있으면 표면의 휘발성 물질은 진작에 사라졌어야 맞다. 상식적으로 그렇다. 하지만 이 십여 개는 달랐다. 혜성처럼 희뿌연 가스와 먼지로 된 후광, 코마coma가 둘러싸고 있었다. 천문학자들은 '활성 소행성Active Asteroids'이나 '주소행성대 혜성main belt comets'이라고 불렀다. 뭐라고 부르든 핵심은 하나였다. 뭔가가 승화하고 있다는 것인데, 대체 무엇이 승화하고 있는 것일까?

물이었다. 제임스 웹 우주망원경이 밝혀낸 사실이다. 해멀은 이것이야말로 제임스 웹 우주망원경이 2년간 태양계를 관측하면서 거둔 최고의 성과라고 했다.

그런데 의문이 꼬리를 문다. 수십억 년간 이 척박한 환경 속에 있었는데 어떻게 물을 품고 있을까? 소행성은 태양계에서 물이 없는 거의 유일한 천체라고 믿었는데. 지금도 몇몇 소행성이 물을 가지고 있다면, 혹시 태양계 탄생 때는 대부분이, 어쩌면 모두가 물을 품고 있었던 건 아닐까? 그럼 지구에 물을 가져다준 게 혜성만이 아니라 소행성도 한몫했을까? 더 나아가 생각해보자. 태양에서 이 거리에 물이 있다는 건, 다른 항성계에서도 생명이 살 수 있는 구역을 찾는 단서가 될까? 그렇다면 이 특이한 천체들이 제임스 웹 우주망원경의 다음 탐사 목표에 무슨 도움을 줄 수 있을까? 바로 우리 은하 전체에 퍼져 있는 다른 별들과 그 별을 공전하는 외계 행성들 말이다.

2022년 9월 20일 하이디 해멀 이메일의 받은편지함에 들어온 해왕성 사진은 '태양계 샘플러' 프로젝트와 관계없었다. NASA의 홍보를 위한 사진이었다. 보기 좋게 찍어서 합성한 이미지였을 뿐이다. 과학적 가치는 의문스러웠고, 분광 데이터도 없었다. 존 스탠스베리처럼 사정을 아는 과학자들은 그 이미지에 시큰둥했다.

해멀도 알고 있었다. 과학자의 눈으로 차분히 들여다봤다면 별것 아니라고 생각했을 것이다. 하지만 그 순간 그녀는 NASA가 원하는 그대로 반응했다. 과학자가 아닌 일반인의 시각에서.

너무 아름답다. 정말 놀랍다.

이내 과학자의 이성을 되찾았다. 하지만 그래도 평정심을 완전히 되찾을 수는 없었다. 냉철한 관찰자로 돌아가려 해도 완전히 그렇게 돌아가는 것이 불가능했다.

사실 그 사진이 당장은 과학적으로 별 가치가 없다는 걸 깨달았지만, 해멀은 여전히 그 사진의 잠재력을 확인할 수 있었다. 제임스 웹 우주망원경이 행성 안쪽 고리가 대기에 미치는 영향을 밝혀낼 수도 있고, 더 나아가 태양계 천문학 자체를 완전히 바꿔놓을 수도 있었으니까.

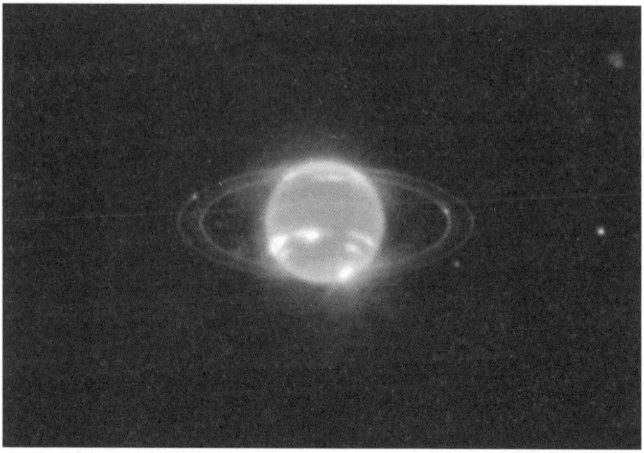

천문학자의 눈시울을 붉게 만든 사진. 하이디 해멀이 컴퓨터에서 이 파일을 열었을 때, 해왕성의 고리를 자세히 보고 싶었던 그 꿈이자, 평생의 소원이 이루어졌다는 걸 깨달았다.

한마디로, 그 사진은 해멀이 꿈꾸던 과학이었다. 망원경을 하늘에 대고, 뭔가 나타나면 그게 뭔지 알 수 있을 거라 믿었던 그 모험을 누군가가 한 것이다. 그리고 마침내 발견하는데 성공했다. 하이디 해멀이 33년 동안 살아생전 다시 한번 보기를 간절히 바랐던 바로 그것을.

참으로 길고 이상한 여정이었다.

4
두 번째 지평
생명의 흔적을 찾아서

"여러분, 잠깐만요. 아직 끝이 아닙니다."

케임브리지 대학교의 천문학자 니쿠 마두수단Nikku Madhusudhan은 방금 막 자신의 연구팀이 제임스 웹 우주망원경으로 관측한 K2-18b 이야기를 끝낸 참이었다. K2-18b는 외계 행성, 그러니까 우리 태양계 밖에 있는 행성으로, 사자자리 방향으로 지구에서 약 124광년 떨어져 있다. 사실 여기서 발표를 마쳐도 충분했다. 이미 꽤 중요한 발견 몇 가지를 발표했으니까. 보통 학회에서는 이쯤 되면 발표자가 단상을 내려와 다음 커피 브레이크 때 카페테리아를 돌며 동료들의 축하를 받곤 한다.

하지만 그는 K2-18b에 대해 할 말이 하나 더 있었다. 연구팀이 그 행성의 대기에서 뭔가를 발견했는데, 다이메틸 설파이드dimethyl sulfide일 가능성이 있었다. 이 분자는 흔히 말하는 바이오 마커, 그러니까 생명체의 신호일 수도 있었다.

이런 주장을 들으면 과학자라면 누구나 극도로 조심스러워진다. 마두수단도 서둘러 못을 박았다. 방금 발표한 다른 발견들보다 이번 건은 확신이 많이 떨어진다고. 발견했다고 말하기엔 턱없이 부족했다.

"이게 진짜인지는 아직 알 수 없습니다." 그가 말했다. "하지만요, 지구에서 다이메틸 설파이드는 오로지 생명체만 만들어냅니다. 다른 방법으론 만들어질 수가 없어요."

물론 진짜 발견이라고 단정하려면 더 관측이 필요하다고 청중들을 안심시켰다. 그럼에도 불구하고 이게 얼마나 엄청난 일인지는 말로 다 표현할 수 없었다. "뭔가 있긴 합니다. 확실하지 않으니 '가능성'이라고만 하는 거죠. 하지만 여러분, 몇 년 뒤에 이게 정말 다이메틸 설파이드로 밝혀진다면? 지금 이 순간이 바로 역사가 쓰이는 순간입니다." 때는 2023년 9월 11일, 우주망원경과학연구소STScI에서 '제임스 웹 우주망원경 과학 성과 1주년' 학회가 막 시작된 날이었다.

"진심입니다." 그가 못을 박았다.

망원경이 발명되고 거의 200년 동안, 우주는 세 영역으로 나뉘어 있었다. 지구가 있고, 그다음에 태양계라고 부르는 이웃 행성과 위성들이 있고, 그 너머에 별들의 세계가 있었다. 하지만 세 번째 영역인 하늘의 천장, 천상의 세계는 오랫동안 천문학자들의 관심 밖이었다. 당연했다. 태양계 가장 바깥, 토성과 그 위성들과 고리가 도는 곳 너머엔 빛나는 점들뿐이었다. 당시 최고 성능의 망원경으로 아무리 확대해 봐도 점은 여전히 점일 뿐이었다.

물론 천문학자들이 별을 아예 무시한 건 아니다. 1718년에 에드먼드 핼리Edmond Halley가 별 세 개가 '고유운동proper motion'을 한다고 발표했다. 별들이 대부분 하나처럼 움직이는데, 몇 개는 다르게 움직인다는 뜻이다. 곧이어 영국 최초의 왕실 천문학자 존 플램스티드John Flamsteed가 1725년에 별 3,000개를 담은 목록 《브리타니아 천체 역사Historia Coelestis Britannica》를 출간했다. 1720년대가 끝날 무렵엔 영국 천문학자 제임스 브래들리James Bradley가 지구에서 가장 가까운 별까지 거리를 계산했는데, 최소한 40만 AU, 그러니까 60조 킬로미터는 된다고 했다.

가장 가까운 별이라는 개념의 전환점이 눈앞에 다가왔다. 가장 가까운 별이 있다면 더 먼 별들도 당연히 있을 테니까. 하지만 갈릴레오가 케플러의 더 강력한 망원경을 쓰지 않고 자기 것만 고집하다가 밤하늘의 새로운 현상들을 못 봤듯이, 천문학자들도 케플러식 망원경만을 사용하는 동안은 태양계 너머를 제대로 탐험할 수 없었다.

대안은 있었다. 다만 케플러 방식보다 딱히 나을 게 없어 보였다. 케플러식 망원경은 굴절 원리를 썼다. 빛이 망원경 끝 렌즈를 통과하면서 꺾이고, 아래쪽 두 번째 렌즈 근처에서 초점을 맺는 방식이었다. 그런데 1660~70년대에 아이작 뉴턴을 비롯한 몇몇 발명가가 다른 방식을 내놓았다. 반사를 이용한 방식이었다. 빛은 여전히 하늘 쪽에서 들어왔지만 렌즈를 통과하지 않았다. 그냥 통 안을 쭉 내려가다가 바닥의 포물면 거울에 부딪쳐 튕겨 올라갔다. 그러면 통 중간의 작은 거울에서 한 번 더 반사돼 옆에 있는 접안렌즈로 빛이 모였고, 거기서 사람 눈에 상이 맺혔다. 하지만 보이는 건 케플러식과 별반 다르지 않았다. 배율도, 선명도도 비슷했다. 그러니 굳이 바꿀 이유가 없었던 것이다.

독일계 영국인 아마추어 천문학자 겸 교회 오르간 연주자였던 윌리엄 허셜William Herschel이 1770년대에 관측을 시작했을 때만 해도, 그는 '진짜' 천문학자들이 다 쓴다는 굴절 망원경을 썼다. 그런데 망원경 경통의 길이가 3.6미터, 4.5미터, 9미터로 점점 길어지니, 너무 거추장스러워서 결국 반사 망원경을 빌려 쓰기 시작했다. 굴절 망원경과 성능은 비슷한데 길이는 60센티미터밖에 안 돼서 다루기가 훨씬 편했다.

그런데 곧 허셜은 반사 망원경에 진짜 천문학자들이 미처 알아채지 못한 장점이 있다는 걸 발견했다. 바로 굴절 망원경보다 더 멀리 볼 수 있다는 것이었다.

반사 망원경의 원리는 간단했다. 우선, 같은 지름이라면 거울이 렌즈보다 빛을 더 많이 모은다. 그리고 거울이 클수록 모이는 빛이 많아진다. 빛이 많이 모일수록? 당연히 우주 저 멀리 깊은 곳까지 볼 수 있다.

"내가 추구하는 가장 큰 목표는…" 1785년 허셜이 친구에게 쓴 편지에 이렇게 적었다. "우주의 더 깊은 곳까지 볼 수 있는 능력을 확장하는 것이야." 더 멀리 본다고 태양계 연구에 큰 도움이 될까? 하지만 별들의 세계라면 이야기가 달랐다. 허셜은 거울을 연마하는 법을 혼자서 터득했다. 그리고 점점 더 큰 거울을 만들어갔다. 지름이 커질 때마다 우주가 놀랍도록 멀리, 그리고 깊이 보였다. 이전엔 볼 수 없었던 희미한 별들과 아주 먼 별들까지 보이기 시작했다. 1781년

3월 13일 천왕성을 발견한 건 완전히 우연이었다. 별을 관측하던 중에 우연히 발견한 것일 뿐, 애초에 찾으려던 것과는 아무 상관이 없었다. 하지만 이 발견으로 태양계가 단번에 두 배로 커졌다. 전문 천문학자들과 왕족들 사이에선 파란이 일었고, 반사 망원경을 다시 보게 되는 계기가 됐다. 곧 허셜은 천문대와 왕실에 거울을 납품하는 사업을 시작했고, 주문이 수백 개나 들어왔다. 본인용으로는 계속 더 큰 거울을 만들었는데, 지름이 122센티미터나 되는 것도 있었다. 플램스티드가 1720년대에 만든 별 목록엔 3,000개가 들어있었다. 허셜도 그 책을 갖고 있었다. 그런데 허셜은 단 41분 관측으로 25만 8,000개의 별을 봤다고 했다.

"지금까지는 별이 총총한 하늘을 구면에 그려 넣는 것으로 충분했다." 허셜이 1780년대 중반에 쓴 글이다. "하지만 하늘의 진짜 구조를 알려면 모든 천체의 위치를 3차원으로 표시해야 한다. 우리가 볼 수 있는 우주에서는 천체를 길이, 너비, 깊이로 나타내야 한다는 뜻이다."

허셜이 대부분의 생을 보낸 영국 슬라우 교회 묘비엔 라틴어로 이렇게 적혀 있다. Coelorum perrupit claustra. "그는 하늘의 장벽을 깨뜨렸다." 그가 깨뜨린 장벽 너머에 있던 것, 바로 그 지평선 너머의 세계가 제임스 웹 우주망원경이 탐사하는 네 영역 중 두 번째 영역이었다. 2022년, 허셜 사후 200주년이 되는 해에 제임스 웹 우주망원경이 본격적으로 탐사를 시작한 곳은 외계 행성들의 세계였다.

STScI에서 청중들에게 깜짝 놀랄 준비를 하라고 했던 니쿠 마두수단은 발표가 끝나고 며칠 지나자 걱정이 되기 시작했다. K2-18b 대기에서 다이메틸 설파이드가 있을 가능성 자체를 의심하는 건 아니었다. 그 '검출'은 애초부터 '잠정적'이라고 신중하게 표현했으니까. 이제는 사석에서 아예 "정말, 정말 잠정적"이라고 말하고 다녔다. 오해의 소지를 완전히 없애고자 했다.

발표 자리에 있었던 사람들에게 이 발견이 얼마나 중대한지 강조한 게 잘못은 아니었다. 이 분자가 정말로 검출된 게 맞다면, 그날 그 자리에 있던 사람들은 분명 역사의 현장에 있었던 것이 맞다.

마두수단이 후회한 건 발표 방식이었다. "진심입니다"라고 못을 박은 것, 그런 쇼맨십이랄까. 적어도 지나친 강조가 문제였다. 이제 와서 뭘 어쩌겠나. 일은 벌어졌고, 이제 감당해야지. 그는 홍보 파장을 떠올리며 체념했다. 그리고 그 파장은 대중과학계 전체가 발칵 뒤집힐 정도였다. 발표 당일부터 블로그와 주요 언론이 앞다퉈 이 '특종'을 다루기 시작했다.

어떤 매체는 신중했다. "외계 행성에서 생명체를 발견한 건가?(아니다. 그래도 물어봐줘서 고맙다.)"

어떤 곳은 대놓고 흥분했다. "다른 세계에서 분자 발견(우린 발견하지 못했다). … 오직 생명체만이 만들 수 있는!(우리가 아는 한에서는. 우리는 지구에서 발생하는 현상 밖에 알지 못한다.)"

그리고 몇몇 제목은 과학자로서 '아, 내가 발표를 너무 요란하게 했나' 싶게 만들었다. "초대형 발견: 제임스 웹, K2-18b에서 생명의 신호 포착!"

마두수단이 이제 '생명 이야기'라고 부르는 이 주제가 사람들 마음속에 이토록 강력하게 자리 잡고 있을 줄은 몰랐다. 물론 예상은 했지만. 그래서 논문 온라인 공개와 보도자료 배포 시점도 '제임스 웹 우주망원경 과학 성과 1주년' 학회 개막일, 본인이 발표하는 날에 맞춘 것이었다.

"외계 행성 대기에서 생명체가 살 수 있는 환경과 그 흔적을 찾는 일은 외계 행성 연구의 성배다." 논문 초록 첫 문장이다. 문법상 좀 이상하긴 하다. 성배는 '찾는 것'이 아니라 '찾은 것'이어야 맞으니까. 하지만 청중이 핵심을 놓칠 리 없었다.

생명.

생명의 존재. 생명이 존재할 가능성. 생명이 생길 수 있는 조건. 그런 조건이 만들어지는 과정.

천문학자들이 말하는 외계 생명체는 영화 속 아바타의 주인공이나 E.T. 같은 게 아니다. 기껏해야 단세포 생물이다. 잘해봐야 다세포 생물. 물론 더 진화한 생명체가 있을 수도 있다. 하지만 지적 생명체를 만날 확률은 미생물이 존재할 가능성을 발견하는 것보다 훨씬, 훨씬 더 희박하다.

제임스 웹 우주망원경을 이용하는 천문학자들은 태양계 안에서 생명의 기원을 찾기 위해 두 가지 핵심 질문에 매달렸다. 물은 어디 있나? 어떻게 그곳에 물이 생겼나? 태양계 밖에서도 마찬가지였다. 물을 포함한 생명의 조건이 존재하나? 존재한다면 어떻게 생겼나? 그 답을 찾기 위해 연구자들은 외계 행성이 탄생하는 세 단계에 주목했다. 이전엔 거의 알려지지 않았거나 아예 볼 수 없었던 과정들이다. 가스와 먼지에 싸여 있어서 제임스 웹 우주망원경의 적외선 눈으로만 들여다볼 수 있었다.

첫 번째는 원시별이다. 아직 완전한 별은 아니지만, 별이 되어가는 천체다.

2022년 11월, 제임스 웹 우주망원경이 놀라운 장면을 포착했다. 황소자리 방향으로 지구에서 460광년 떨어진 곳에 있는 암흑 성운 L1527이었다. 천문학자들은 이 천체를 0등급 원시별로 분류한다. 별이 막 태어나기 시작하는, 가장 어린 단계라는 뜻이다. 사실 이 천체도 암흑 성운을 이루는 두꺼운 먼지에 가려 가시광선으로는 아무것도 볼 수 없었다. 하지만 다른 제임스 웹 우주망원경의 사진들처럼 암흑 성운 속을 적외선으로 본 그 모습은 너무나도 다른 모습이었다. 놀랍게도 거대한 모래시계가 우주에 떠 있는 듯했다. 가느다란 허리를 중심으로 위아래로 거대한 가스와 먼지 구름이 마치 풍선처럼 부풀어 올라 있었다. 그 모래시계의 한가운데, 좁은 목 부분에 이제 막 탄생하려는 아기별인 원시별이 숨어 있었다. 바로 그곳이 별의 생명이 시작되는 자리였다.

원시별 자체는 눈에 보이지 않았다. 그러나 주변에 끼치는 영향은 놀라울 정도로 선명했다. 모래시계를 이루는 듯한 거대한 두 덩어리는 다름 아닌 원시별이 내뿜은 물질들이었다. 마치 자신이 태어날 자리를 마련하듯, 주변의 가스와 먼지를 힘차게 밀어내고 있었던 것이다. 그리고 별의 탄생 현장은 바로 모래시계의 잘록한 허리 부분에서 펼쳐지고 있었다. 제임스 웹 우주망원경의 놀라운 능력으로 더 가까이 들여다보니, 원시별 주위에서 가스와 먼지가 소용돌이 치며 원반을 만들어가는 장면이 포착됐다. 새로운 별이 태어나는 순간이었다. 천문학자들이 계산해보니 이 원반의 크기가 우리 태양계와 거의 똑같았다. 혹시 L1527의 이 원시행성 원반이 45억 년 전 우리 태양과 행성들, 그리고 지구가 막 태어나던 그 순간을 재현하고 있는 건 아닐까?

다른 망원경으로 관측한 결과, L1527은 겨우 10만 년 된 아기 별이었다. 우리 태양계가 45억 살이니까 비교도 안 될 만큼 어린 셈이다. 인간의 80년 인생에 비유하면 어떨까? 제임스 웹 우주망원경이 보고 있는 L1527은 태어난 지 13시간밖에 안 된 갓난아기와 같다. 우리가 목격하는 건 별이 막 태어나려는 찰나의 순간이다. 가스와 먼지가 중심으로 몰려들어 뭉치고 또 뭉친다. 온도는 올라가고 밀도는 높아진다. 하지만 아직이다. 중력이 모든 물질을 꽉 눌러서 수소가 타오르게 만들 정도는 아니다. 우리가 보는 건 태양과 같은 별이 진짜 별이 되기 직전, 마지막 숨을 고르는 순간인 것이다.

물, 물, 여전히 모든 곳에 물이 있다.

생명의 흔적을 찾는 두 번째 단계는 원시행성과 원시행성계가 만들어지는 과정이었다. 천문학자들은 우리 태양계를 샅샅이 뒤지며 물이 어디에 존재하고 어떻게 형성됐는지 그 흔적을 추적하고 있다. 외계 행성 연구자들도 마찬가지다. 우리 은하 곳곳에서 물이 어떤 역할을 하는지 밝혀내고 싶어한다.

태양계를 연구하는 천문학자들처럼, 이론 천문학자들도 비슷한 가설을 세웠다. 물은 원시행성 원반의 가장 먼 끝자락에서 온다. 우리 태양계로 치면 혜성이 태어나는 바로 그곳이다. 더 자세히 설명하자면, 원시행성 원반의 차디찬 외곽에는 얼음 덩어리들이 떠다닌다. 이 얼음 조각들이 서서히 안쪽으로, 중심 별을 향해 떠내려온다. 그러면서 고체와 액체 물질을 실어 나른다. 이것들이 충분히 모이면 서로 뭉쳐서 마침내 행성이 된다. 만약 이 가설이 맞다면, 천문학자들은 특별한 지점에서 수증기가 대량으로 발생하는 걸 볼 수 있을 것이다. 바로 '스노우 라인snow line'이라는 경계선이다. 안쪽으로 흘러들던 얼음 조각들이 별의 따뜻한 열기를 만나 녹아버리는 바로 그 경계선을 의미한다.

2023년 11월, 드디어 이 이론을 입증하는 증거가 나왔다. 제임스 웹 우주망원경의 중적외선 장비MIRI에는 수증기를 특히 잘 잡아내는 분광기가 달려 있다. 천문학자들은 이걸로 태양과 닮은 별 네 개를 둘러싼 원시행성 원반을 들여다봤다. 관측 대상은 두 종류로 나뉘었다. 먼저 우리 태양계와 크기가 비슷한 '작은' 원반 두 개. 연구팀은 여기서 차가운 수증기가 대량으로 검출될 것으로 예상했다. 이유는 간단했다. 이 원반의 원시행성들이 우리 태양계의 스노우 라인과 비슷한 위치에 있기 때문이다. 나머지는 '큰' 원반 두 개였다. 이곳의 원시행성들은 각자의 태양에서 스노우 라인보다 훨씬 먼 곳에 떨어져 있었다. 결과는 예상과 정확히 일치했다. 작은 원반에서는 수증기가 넘쳐났고, 큰 원반에서는 거의 검출되지 않았다. 이론이 현실로 증명된 순간이었다.

천문학에서 '얼음'은 우리가 아는 물의 얼음과는 개념이 다르다. 물론 물이 언 것도 얼음이지만, 천문학자들은 더 넓은 의미로 사용한다. 수소, 산소, 탄소, 질소, 황 같은 원소들이 고체 상태가 되면 모두 얼음이라고 부른다. 이들이 결합해서 만든 화합물이 굳어진 것도 마찬가지다. 우주에서는 이 모든 것, 즉 얼어서 고체 형태로 된 모든 것이 다 '얼음'인 셈이다. 제임스 웹 우주망원경이 관측을 시작한 지 겨우 6개월. 국제 공동 연구팀이 또 하나의 놀라운 발견을 해냈다. 지구에서 630광년 떨어진 카멜레온 [Chamaeleon] 분자구름을 들여다본 것이다. 원시행성 원반에 있는 얼음을 이토록 꼼꼼히 조사한 건 처음이었다. 그들이 찾아낸 것은 예상을 뛰어넘었다. 이산화탄소, 암모니아, 메테인, 메탄올이 모두 얼음 형태로 존재했다. 단순한 발견이 아니었다. 이건 엄청난 의미를 담고 있었다. 복잡한 분자들이 별의 진화 과정에서 원시행성 단계보다도 훨씬 이전에 이미 만들어져 있었다는 증거이기 때문이다. 생명의 재료가 될 분자들이 별이 태어나기도 전부터 우주를 떠돌고 있었던 셈이다.

물론 이런 얼음 알갱이들이 생명의 씨앗을 품고 있다고 해서 꼭 생명체가 탄생하는 건 아니다. 얼음 조각들이 있다고 더 큰 천체가 만들어진다는 법도 없다. 하지만 만약 이것들이 뭉쳐서 큰 천체가 된다면? 그때 비로소 우리 은하에서 생명의 흔적을 찾는 여정의 세 번째 단계가 시작된다. 원시별, 원시행성을 거쳐 마침내 도달하는 곳. 바로 외계 행성이다.

생각해보면 당연한 얘기다. 외계 행성에서 생명체를 찾으려면 일단 외계 행성의 존재 여부를 알아야 한다.

당시 외계 행성은 하나도 발견되지 않았지만, 그 존재는 사실 의심의 여지가 없었다. 그래서 1980년대에 제임스 웹 우주망원경 계획을 세울 때부터 외계 행성 탐사가 핵심 목표에 들어 있었다. 과학자들은 망원경이 우주로 날아갈 때쯤이면 분명 외계 행성이 발견될 것이라 확신했다.

태양이 아닌 다른 별을 도는 외계 행성이 처음 발견된 건 1995년 10월이었다.[•] 마침 드레슬러가 이끄는 '허블 후속 망원경 검토위원회'가 열심히 토론하던 시기였다. 스위스 천문학자 미셸 마요르Michel Mayor와 디디에 쿠엘로Didier Queloz가 역사적인 발견을 발표했다. 페가수스자리 51번 별51 Pegasi을 목성 크기의 행성이 돌고 있다. 놀라운 건 공전 주기였다. 겨우 4일. 이토록 짧은 주기는 행성이 미친 듯이 빨리 돈다는 뜻이고, 중력의 법칙상 그렇게 빨리 돌려면 별에 바짝 붙어 있어야만 했다.

별과 행성의 중력은 일방통행이 아니다. 태양과 지구를 예로 들어보자. 우리는 보통 태양이 지구를 붙잡아 돌린다고만 생각한다. 하지만 모든 중력이 그렇듯, 이것도 서로 주고받는 관계다. 행성 역시 별을 잡아당긴다.[••] 마요르와 쿠

• 사실 외계 행성이 확인된 건 1992년이 처음이었다. 하지만 그 행성들은 펄서Pulsar라는 특수한 별 주위를 돌고 있었다. 펄서는 초당 한 바퀴 이상 도는 초고밀도 중성자별이다. 중요한 발견이긴 했지만, 우리가 찾고 있던 태양 같은 별 주위를 도는 외계 행성과는 거리가 멀었다.

•• 실제로 지구는 태양을 약 9센티미터 정도 끌어당긴다. 겨우 9센티미터지만, 엄연한 상호작용이다.

엘로는 이 원리를 교묘하게 이용했다. 프랑스 망원경의 분광기를 이용해 행성이 별을 흔드는 모습을 포착한 것이다. 페가수스자리 51번 별이 행성과 춤을 추듯 앞뒤로 흔들릴 때, 별빛의 파장이 변하는데, 별이 우리 쪽으로 다가올 때는 파장이 압축되고(청색이동), 멀어질 때는 늘어났다(적색이동).

그 후 15년간 외계 행성 사냥꾼들은 주로 시선속도법radial-velocity method에 의존했다. 그런데 이 방법에는 한계가 있었다. 지구에서 별의 흔들림을 감지할 수 있으려면 조건이 까다로웠기 때문이다. 예를 들면 목성처럼 덩치 큰 행성이 모항성에 바짝 붙어 돌아야만 감지해낼 수 있었다. 문제는 별에 그토록 가까우면 펄펄 끓는다는 것. 생명체가 살기엔 너무 뜨겁다. 하지만 21세기가 시작되면서 제임스 웹 우주망원경 팀이 준비하던 장비는 달랐다. 당시 새롭게 등장한 획기적인 관측법을 탑재할 계획이었다.

2009년에 발사된 케플러Kepler 우주망원경은 외계 행성 탐사의 새 시대를 열었다. 케플러는 별의 움직임을 관찰하는 대신 완전히 다른 방법을 사용했다. 외계 행성이 별 앞을 지나갈 때, 다시 말해 '통과'할 때 별빛이 어떻게 변하는지를 기록했다. 우리의 시선에서 보면 행성이 별을 가리는 것이긴 하지만 이 방법도 시선속도법과 마찬가지로 간접적인 방법이었다. 외계 행성을 직접 보는 게 아니라, 행성이 '뒤에 있는' 별빛에 미치는 영향을 관찰하는 것이었다. 그러나 통과법에는 큰 장점이 있었다. 지구만 한 작은 행성도 찾을 수 있었고, 모항성에서 꽤 떨어진 행성도 발견할 수 있었다. 이전 방법으로는 모두 불가능했던 일이었다. 2018년 임무가 끝날 때까지 케플러는 무려 2,600개의 외계 행성을 찾아내며 놀라운 성과를 거두었다.

같은 해 NASA가 또 하나의 탐사선을 쏘아 올렸다. TESS라는 이름의 위성이었다. 정식 명칭은 '외계 행성 탐사 위성 Transiting Exoplanet Survey Satellite'이지만, 모두가 TESS라고 불렀다. 이 위성도 통과법을 썼다. 케플러와 TESS가 하는 일은 단순하면서도 원대했다. 외계 행성을 하나하나 세어가며 질량은 얼마나 되는지, 크기는 어떤지, 밀도는 어느 정도인지, 별에서 얼마나 떨어져 있는지, 한 바퀴 도는 데 시간은 얼마나 걸리는지 등의 외계 행성 신상명세를 작성했다.

제임스 웹 우주망원경이 발사될 무렵 때쯤 성과는 놀라웠다. 확인된 외계 행성만 5,000개가 넘었다. 그중 4,000개 이상은 여러 행성이 함께 도는 다중 행성계에 속해 있었다. 더 놀라운 건 지구를 닮은 행성이 200개나 발견됐다는 것인데, 그중에서도 특히 주목할 만한 36개는 천문학자들이 조심스

레 '거주 가능성'이라고 부르는 조건을 갖추고 있었다.

행성이 생명체 거주 가능 구역에 있는지 판단하는 첫 번째 기준은 골디락스 영역이다. 동화 속 골디락스처럼 '딱 맞는' 거리를 찾는 것이다. 별에 너무 가까우면 어떻게 될까? 너무 뜨거워서 생명의 전제 조건인 액체 상태의 물이 존재할 수 없다. 너무 멀면? 이번엔 너무 추워서 물이 얼어붙는다. 그렇다면 '딱 좋은' 거리는? 아니면 최소한 '그럭저럭 괜찮은' 거리는 어디일까?

물론 생명체 거주 가능 구역에 있다고 해서 물이 있다는 보장은 없다. 태양계를 보자. 태양의 생명체 거주 가능 구역에는 세 개의 행성이 있다. 그중 두 곳에서 과거에 물이 있었던 흔적이 발견됐다. 지구, 화성이다. 그런데 금성은? 물의 흔적이 전혀 없다.

그렇다고 물이 있으면 생명체가 있을까? 그것도 아니다. 화성에는 옛 바다의 흔적이 남아 있지만 물은 이미 오래전에 사라졌다. 하지만 적도 근처 지하에 얼음이 숨어 있을지도 모른다고들 한다. 수성의 극지방에도, 심지어 우리 달의 극지방에도 얼음이 조금 있다. 하지만 알고 보면 태양 주변 생명 가능 구역에서 진짜로 생명을 탄생시킨 곳은 단 하나, 바로 지구뿐이다.

사실 생명체가 생겨나려면 물이 필요하다는 생각 자체가 가정일 뿐이다. 타당한 가정이긴 하지만 어쨌든 추측은 추측이다. 정확히 말하면 '우리가 아는 생명'에는 물이 필요하다. 문제는 우리가 아는 생명체가 생명체의 전부라는 점이다. 과학자들은 이 딜레마를 'n = 1 문제'라고 부른다. 표본이 단 하나, 지구라는 단 하나의 사례로 우주 전체를 판단해야 해서 발생하는 문제다.

그래도 외계 생명체를 찾으려면 어디선가는 시작해야 한다. 생명체 거주 가능 구역에서 지구와 비슷한 외계 행성을 찾는 것이 바로 그 시작점이다. 과학 탐사에서 '발견 단계'는 원래 그렇다. 갈릴레오가 정원에서 목성을 올려다본 것처럼, 하이디 해멀이 하와이 천문대에서 천왕성과 해왕성의 비밀을 파헤치기 시작한 것처럼, 케플러와 TESS, 그리고 그들보다 먼저 지구에서 하늘을 올려다본 망원경들도 마찬가지였다. 1995년 10월부터 2022년 7월 12일까지, 긴 세월 동안 이들은 외계 행성 발견의 시대를 열기 시작했다.

물론 제임스 웹 우주망원경도 발견의 시대를 이어갔다. 2022년 9월 1일, 과학 임무를 시작한 지 두 달도 안 되어 첫

성과를 냈다. HIP 65426 b라는 외계 행성을 직접 포착했다. 앞으로 이어질 수많은 발견의 시작이었다. 제임스 웹 우주망원경의 근적외선 카메라와 중적외선 장비에는 코로나그래프가 달려 있다. 별빛을 가려서 주위를 도는 행성을 볼 수 있게 해주는 장비다. 사실 허블 우주망원경도 외계 행성을 직접 관측한 적이 있다. 하지만 허블 우주망원경으로 외계 행성을 보려면 행성이 별에서 아주 멀리 떨어져 있어야 했다. HIP 65426 b도 마찬가지였다. 이 행성은 지구-태양 거리의 무려 100배나 떨어진 곳에서 별 주위를 돌고 있었다. 제임스 웹 우주망원경으로서는 '첫 번째'라는 의미가 있었지만, 허블 우주망원경 때와 마찬가지로 생명체 탐사에는 별 도움이 되지 않았다.

하지만 허블 우주망원경과 달리, 제임스 웹 우주망원경은 생명체 거주 가능 구역의 행성을 찾는 게 주요 임무 중 하나였다. 이를 위해 제임스 웹 우주망원경도 통과법을 사용했다. 그런데 여기서 끝이 아니었다. 분광학이라는 필살기가 있었기 때문이었다. 이걸로 외계 행성 대기에 무엇이 있는지, 때로는 행성 자체가 무엇으로 이루어져 있는지까지 밝혀낼 수 있었다.

제임스 웹 우주망원경의 관측 과정은 이렇다. 먼저 천문

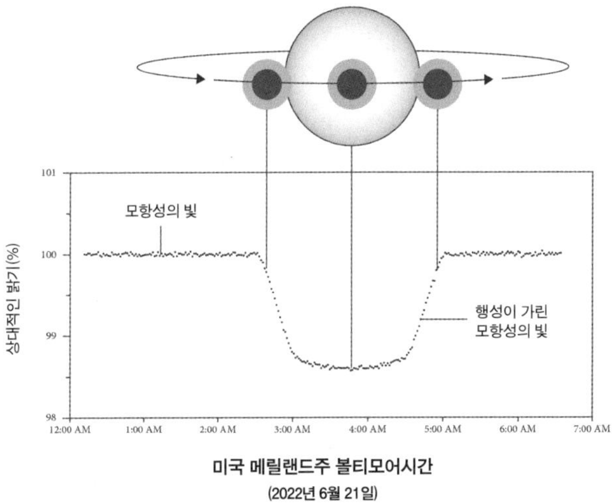

행성이 모항성 앞을 지나가는 순간: 망원경에서 보면 행성이 모항성 앞을 통과하면서 별빛 일부를 가린다. 위 그림과 제임스 웹 우주망원경의 근적외선 카메라 및 슬릿리스 분광기로 실제 관측한 광도 곡선은 WASP-96 항성계에서 나오는 빛의 밝기 변화를 보여준다. 천문학자들은 이 데이터로 행성의 크기, 공전 주기뿐만 아니라 다른 필수 정보도 알아낼 수 있다. 더 놀라운 것은, 모항성 단독으로 관측한 스펙트럼과 별과 행성이 겹쳐진 때의 스펙트럼을 비교함으로써 행성 대기의 구성 성분도 파악할 수 있다.

학자들이 별 하나만 있을 때 분광 관측을 한다. 그다음 외계 행성이 별 앞을 지나갈 때 다시 분광 관측을 한다. 이제 두 관측 결과를 비교한다. 행성이 없을 때 별의 화학 성분, 그리고 별과 행성이 겹쳤을 때의 화학 성분. 이 둘의 차이를 분석하면 통과하는 행성의 대기가 무엇으로 이루어져 있는지 알 수 있다.

니쿠 마두수단의 제임스 웹 우주망원경 연구팀이 K2-18b를 선택한 데는 이유가 있었다. 우선 케플러 망원경 관측을 통해 이 외계 행성이 별의 생명체 거주 가능 구역에 있다는 걸 확인했기 때문이다. 또 다른 매력도 있었다. 이 행성은 지구처럼 작고 딱딱한 암석 행성보다 크고, 대기도 훨씬 두꺼웠다. 연구팀이 《천체물리학 저널 레터스Astrophysical Journal Letters》에 발표한 논문의 표현을 빌리면 "관측하기가 훨씬 수월한" 조건이었다. 마지막으로 연구팀은 K2-18 b가 '하이션hycean' 행성일 거라고 추측했다. 하이션은 수소hydrogen(대기에 있는)와 바다ocean(표면에 있는)를 합친 신조어다. 마두수단 팀이 관측할 당시 하이션 행성은 아직 가설에 불과했다. 이 용어와 개념이 나온 게 2021년이었다. 하지만 만약 하이션 행성이 정말 존재한다면, K2-18b는 그중 하나일 뿐 아니라 마두수단이 즐겨 말했듯이 "대표 선수"가 될 것이었다.

하이션 행성 이론의 핵심은 이거였다. 수소로 가득한 대기를 가진 행성의 표면에 물이 있다면 그 물이 액체든 얼음이든 수증기든 상관없이 대기에는 분명 메테인과 이산화탄소도 있을 것이다. 마두수단 연구팀은 정말로 둘 다 찾아냈다. 메테인은 5시그마, 이산화탄소는 3시그마 수준으로 검출됐다. 시그마는 과학자들이 '얼마나 확실한가'를 재는 잣대다. 황금 기준인 5시그마는 신뢰도가 무려 99.9999997%다. 다시 말해 우연이나 착오일 확률이 350만 분의 1정도로 사실상 확실하다는 얘기다. 3시그마는 과학자들 사이에서 그리 '탄탄한' 수준은 아니다. 우연일 확률이 약 740분의 1정도다. 맞을 확률이 740분의 739라고 하면, 350만 분의 3,499,999에 비해 초라해 보일 수도 있다. 하지만 여전히 신뢰도는 99.73%다. 요약하자면, 마두수단 팀은 K2-18b의 대기에서 메테인을 거의 확실하게 찾아냈고, 이산화탄소도 있을 가능성이 매우 높다는 것을 밝혀냈다.

이 발견 자체만으로도 대단했다. 그런데 메테인 검출은 외계 행성을 연구하는 천문학자들에게 또 다른 의미가 있었다. 그동안 많은 이론 천문학자들은 하이션 대기에 메테인이 있어야 한다고 목소리를 높였다. 하지만 제임스 웹 우주망원경 이전까지는 아무도 외계 행성에서 메테인을 찾지 못했다. 너무 오랫동안 찾지 못해서 '메테인 실종 사건'이라는 별명까지 붙었을 정도다. 사실 마두수단 팀이 외계 행성 대기에서 메테인을 처음 발견한 건 아니다. 하지만 이들의 성과는 학계에 큰 위안을 줬다. 드디어 메테인 실종 사건이 해결됐다는 신호탄이었으니까.

다이메틸 설파이드를 '검출'했다고 하기엔 뭔가 부족했다. 《천체물리학 저널 레터스》에 실린 논문에서 시그마 범위를 제시하긴 했지만, 가장 높은 수치조차도 과학자들이 진지하게 받아들이기엔 턱없이 부족했다. 기껏해야 '흥미롭네' 정도였고, 머릿속에 메모해둘 만한 수준이었다. 그럼에도 논문에서 이를 언급하지 않을 수는 없었다. 지구 대기에 있는 이 분자의 대부분이 식물성 플랑크톤, 즉 해양에 사는 미세조류에서 만들어지기 때문이다. 오해하면 안 된다. 동물이 아니다. 식물이다. 그리스어로 피토phyto는 '식물'이란 뜻이다. 그것도 현미경으로나 겨우 보이는 '미생물' 수준의 식물을 의미한다.

그래도 생명은 생명이다.

논문 저자들이 고민에 빠진 이유가 여기 있었다. K2-18b의 다이메틸 설파이드 증거를 다루는 데 얼마나 많은 지면을 할애할 것인가? 너무 적게 쓰면 나중에 정말로 생명체 발견이 확정됐을 때 "우리가 먼저 발견했다"고 주장하기 어렵다. 그렇다고 너무 확신에 차서 쓸 수도 없다. 증거가 빈약하니까. 결국 균형을 잡는 선택을 했다. 본문에서는 솔직하게 증거가 "미미하다"고 썼고, "추론의 가능성"이 있다고 인정했다. 초록에서는 더 조심스러웠다. 세 겹의 완충 장치를 뒀다. "잠재적 징후를 시사한다."

'시사한다.' 그럴 수도 있다는 뜻.

'잠재적.' 그럴 수도 있다는 뜻.

'징후.' 이건… 뭘 의미하는 걸까?

잠깐, 여기서 멈춰보자. 잠시만이라도 제임스 웹 우주망원경의 외계 행성 탐사 이야기를 접어두자. 아니, 망원경이 우주를 누비는 모든 여정에서 잠시 벗어나보자. 대신 제임스 웹 우주망원경 과학자들이 정말 자주 듣는 질문 하나를 살펴보자. 이 질문은 망원경의 모든 목표와 관련이 있다. 새로운 지평선 너머 모든 미지의 영역에 똑같이 적용되는 질문이다. "내 눈으로 직접 본다면 정말 이렇게 보일까요?"

이것이(여기서 '이것'이 무엇이든 간에) 정말 내가 우주선을 타고 가서 맨눈으로 본다면 보이는 모습일까? 다른 사람이 봐도 똑같을까?

답은 간단하다. 아니다. 제임스 웹 우주망원경은 적외선으로 본다. 우리 눈으로는 적외선을 볼 수 없다.

그럼 천문학자들이 보는 건 뭘까? 우리가 지금 보고 있는 건 대체 뭘까?

마두수단의 논문 초록에 나오는 '징후'란 분광 분석 결과를 말한다. 거짓말 탐지기나 심전도처럼 위아래로 출렁이는 그래프다. 이 그래프의 봉우리와 골짜기 하나하나가 특정 원소나 화합물의 존재를 알려준다. 전자기 스펙트럼의 정확한 위치에서 빛이 얼마나 농축되거나 흡수되는지 보여주는 것이다. 1815년 프라운호퍼가 처음 발견하고, 수십 년 뒤 분젠과 키르히호프가 그 의미를 밝혀낸 바로 그 분광선 말이다. 우리 눈은 전자기파 중에서 0.4~0.7마이크론 파장만 감지한다. 고작 0.3마이크론 범위다. 하지만 제임스 웹 우주망원경은 27.9마이크론까지 본다. 사람 눈의 90배가 넘는 범위다. 적외선 영역을 이렇게 넓게 관측할 수 있다는 건, 그만큼 더 많은 분광선을 포착한다는 뜻이다. 그래서 이전 망원경들이 놓쳤던 화학 물질까지 찾아낼 수 있는 것이다.

게다가 제임스 웹 우주망원경에 탑재된 두 개의 분광기는 정밀도가 압도적이다. 오차 막대를 보면 알 수 있다. 이전 세대 망원경들의 오차 막대가 길쭉했다면, 제임스 웹 우주망원경은 점에 가까울 정도로 짧다. 천문학자들에게 이런 그래프는 예술과 같다. 미술관에 걸어놔도 될 만큼 아름답다. 실제로 천문학자들이 제임스 웹 우주망원경의 스펙트럼을 처음 봤을 때, 무엇을 관측한 데이터인지도 모른 채 "와!"하고 감탄했다. 뭔가 대단한 게 나왔다는 걸 본능적으로 알았던 것이다. 학회에서도 마찬가지였다. 발표자가 제임스 웹 우주망원경 데이터를 화면에 띄우면, 강당이 술렁였다. 청중 대부분이 해당 분야 전문가가 아닌데도 그랬다. 청중들은 각자 자기 분야에 이 수준의 정밀도가 무엇을 의미하는지 즉시 알아차렸다. 반응은 어땠을까? 한 천문학자의 발표가 모든 걸 말해준다. 자신의 데이터를 보여주던 그녀가 잠시 멈추고는 말했다. 청중이 무슨 뜻인지 알아채고 웃을 거라는 확신이 가득한 목소리였다. "이 광도 곡선…" 광도 곡선은 외계 행성이 궤도를 한 바퀴 도는 동안 계속 추적한 분광 데이터다. 항성 앞을 지나는 순간만 포착하는 게 아니라 계속. 그녀가 마지막으로 던진 한마디. "와, 진짜…"

하지만 일반인들에게 분광 그래프는 그냥 그래프일 뿐이다. 수학을 싫어하는 사람들에게는 더 끔찍할 수도 있다. 지진계처럼 선들이 춤을 추고, x축과 y축, 그리고 알 수 없는 기호들이 뒤엉킨 난장판이다. 2022년 7월 12일, 제임스 웹이 처음 공개한 다섯 장의 이미지 중 분광 데이터가 단 하나뿐이었던 데는 이유가 있다. 일반 대중은 그게 뭘 의미하는지 제대로 이해하기 어려울 거라고 판단했기 때문이다. 하지만 황홀한 소용돌이를 가진 나선은하의 모습은 과학자든 일반인이든 누구나 감탄할 수밖에 없다.

제임스 웹 우주망원경의 사진은 스마트폰 사진과 똑같은 과정으로 만들어진다. 즉, 0과 1의 디지털 신호로 만들어진다. 소프트웨어가 이 숫자들을 픽셀로 변환한다. 각 픽셀은 65,536개의 값 중 하나를 갖는데, 이 값은 들어온 광자의 세기에 따라 결정되고, 그에 맞는 음영으로 표현된다.

그다음이 색이다. 물론 원본 이미지에 색이 있는 건 아니다. 여전히 흑백이다. 하지만 천문학자들이 제임스 웹 우주망원경으로 관측 계획을 짤 때, 29개 필터 중에서 선택을 한다. 연구하려는 원소나 화합물에 맞는 파장을 관측할 수 있는 필터들이다. 이 필터를 통해 받은 디지털 데이터가 제임스 웹 데이터 처리 과정을 통과하고 나서야 비로소 지구의 이미지 전문가와 천문학자들이 각 파장에 색을 입힌다. 어떤 색을 입힐지는 오롯이 전문가와 천문학자들의 마음이다.

천문학자들조차 어이없어 하긴 하지만, 놀랍게도 천문학

계에는 색상 표준이 없다. 어떤 사람은 온도가 높을수록 빨간색을 진하게 칠한다. 어떤 사람은 똑같은 온도를 파란색으로 진하게 칠한다. '창조의 기둥'만 봐도 그렇다. 2018년 허블 버전에서 수소를 초록색으로 표현했다. 2022년 제임스 웹 버전에서는? 파란색이다. 암흑 성운 L1527의 원시별 양쪽에 부풀어 오른 '모래시계' 형상의 구조는 어떤가? 커다란 파란 덩어리는 먼지가 제일 옅은 곳, 주황 덩어리는 먼지가 제일 짙은 곳이다. 색상 가이드 없이 이미지만 본다면? 천문학자라도 무슨 의미인지 알 수 없다.•

물론 일반인에게는 색상 가이드가 없다. 당연히 일반인에게는 해독 열쇠가 없다. 그래서 제임스 웹 우주망원경의 사진을 공개할 때는 필요한 경우에 따라 색이 무엇을 뜻하는지 설명을 붙인다.

심지어 일반인도 집에서 직접 해볼 수 있다.

제임스 웹을 비롯한 여러 우주 미션 이미지들은 제임스 웹 우주망원경 임무가 지속될 수 있는데 큰 역할을 한 상원

• 천문학자와 이미지 전문가들은 미적 감각도 발휘한다. 각도를 돌리고, 프레임을 자르고, 명암을 조절한다. 과학자들도 예쁜 사진 앞에서는 일반인과 다를 바 없다. 하이디 해멀이 집 컴퓨터에서 해왕성 고리를 보며 눈시울을 붉혔듯이. 한 천문학 학회에서 웹의 특별히 극적인 이미지가 화면에 떴을 때, 강당 전체가 "와!" 하고 탄성을 질렀다. 하지만 발표자는 무심히 이렇게 말했다. "이건 과학이 아닙니다."

의원의 이름을 딴 '바버라 A. 미컬스키 우주망원경 아카이브'에 있다. 제임스 웹 우주망원경 이미지는 거의 다 그 사이트에서 바로 다운로드할 수 있다. 과학자뿐 아니라 누구나. (일부는 연구 독점권 때문에 잠깐 다운로드를 받을 수 없는 경우도 있다.) 이 데이터는 대중의 것이기 때문에 감상하고, 감탄하고, 그리고 갖고 놀 수도 있다.••

진짜로 대중들은 제임스 웹 이미지를 가지고 놀기 시작했다. 인터넷은 예술적으로 재창조된 웹 이미지로 넘쳐났다. 여러분도 여러분만의 '창조의 기둥'을 만들 수 있다. 과학적 가치는 그리 크지 않을 수 있지만, 그 작품은 온전히 당신 것이다. 이 우주가 '실제로' 어떻게 생겼는지, 당신만의 해석이 되는 것이다.

그러고 나서 친구, 가족, 그리고 인터넷 세상 속 낯선 이들에게 자랑할 수 있다. 당신이 우주를 창조했다고. 농담이 아니라 진짜라고.

"믿을 수가 없어요."

연구팀이 막 최신 발견에 대해 논의를 시작했는데, 벌써 반대 의견이 나왔다. 팀 리더인 오리 폭스Ori Fox의 표현을 빌

•• 바버라 A. 미컬스키 우주망원경 아카이브: https://archive.stsci.edu/missions-and-data/jwst

리면 '주요 논문감'이라고 생각하며 회의에 들어온 팀원들도 있었는데 말이다.

5
세 번째 지평
우리의 기원을 찾아서

폭스는 의자에 몸을 축 늘어뜨렸다. 같은 긴 테이블에 앉은 박사후연구원 멜리사 샤반데Melissa Shahbandeh도 자세를 고쳐 앉았다. 다른 팀원 몇 명도 직접 참석해 있었다. 장소는 우주망원경과학연구소STScI의 별관인 로툰다였다. 로툰다는 근처 쇼핑몰 안에 있는데, 플로이드 99 이발소 위 몇 층에 있었다. 주차장 쪽 입구가 잠겨 있으면 이발소를 가로질러 가야 엘리베이터를 탈 수 있는 곳이었다. 나머지 팀원들은 회의실 끝에 있는 화면만 보고 있었다. 모두가 동료의 반대 의견에 나름대로 반응했다. 몸을 움직이든, 마음을 다잡든.

지금이 인생 최고의 순간이어야 하는 거 아닌가? 불과 며칠 전 저녁, 모두가 슬랙slack[•]에 모여 제임스 웹 우주망원경의 데이터 처리 과정을 통해 들어오는 데이터를 다운받았다. "와!" 하는 외침이 터져 나왔고, 모두가 스크린샷을 공유하느라 정신이 없었다. 데이터는 훌륭했다. 디테일도 놀라웠다. 무엇보다 중요한 건, 뭔가 대단한 게 나올 것 같았다. 뭐가 나올지는 아무도 확신할 수 없었지만. 누군가가 데이터를 해독 가능한 형태로 코딩해줄 때까지 더 큰 환희는 잠시 미뤄둬야 했다.

폭스와 샤반데, 특히 샤반데가 바로 그 데이터를 분석해냈다. 두 사람의 노력으로 축하할 만한 결과가 나왔다. 그런데 축하는커녕 팀원 한 명이 믿을 수 없다고 했다. 폭스와 샤반데가 그를 설득하려 하기도 전에 다른 팀원이 끼어들었다. 자기도 믿을 수 없다고.

반대하는 두 사람의 목소리가 합쳐져 서로를 부추겼다.

"말도 안 돼요." 그들이 말했다. "먼지가 그렇게 많을 리 없어요." 먼지는 이 팀이 제임스 웹 우주망원경으로 관측한 대상이자, 우주의 핵심 성장 메커니즘을 푸는 단서일 수도 있었다. "게다가," 그들이 덧붙였다. "데이터가 너무 쉽게 나

• [옮긴이 주] 슬랙은 전 세계적으로 널리 사용되는 업무용 소통 메신저 플랫폼이다.

왔어요. 너무 빨리 나왔다고요. 그냥 바로 나왔잖아요."

"말이 안 되잖아요." 그들이 다시 말했다. "첫 시도에 바로 이렇게 결과가 나온다고요? 게다가 여러 방법 중에 하나만 써봤는데?"

폭스도 인정했다. 믿기 어려운 결과라고. 하지만 믿기 어렵다는 것이 틀린 건 아니었다. 폭스가 설명했다. 자신과 샤반데가 할 수 있는 검증은 다 했다고. 데이터를 두 번 확인했고, 이론 모델에도 의문을 제기해봤다. 이론 모델 검증 전문가인 동료까지 섭외했는데, 그 동료도 결과가 확실하고 발표할 가치가 있다고 동의했다.

"그 분야 최고 전문가예요." 폭스가 말했다. "그래서 우리 팀에 있는 거고요."

반대하던 두 사람은 여전히 믿지 않았다.

"아, 제발…" 폭스가 말했다.

하지만 결론은 이미 정해져 있었다. 팀원 전원이 동의하지 않으면 결과를 정리해서 동료 심사를 받아야 하는 학술지에 논문을 제출할 수 없었다.

결국 폭스가 물러섰다. 반대를 하는 사람들을 바라보며 말했다.

"좋아요." 그가 말했다. "뭘 더 해야 하죠?"

1923년 10월 6일 이전까지, 우주는 크게 네 영역으로 나뉘어 있었다. 첫째는 당연히 지구. 둘째는 태양계를 구성하는 나머지 천체들. 셋째는 윌리엄 허셜과 그의 거대한 반사경이 깊이라는 차원을 더해준 별들의 영역. 그리고 넷째는… 뭐가 또 있을까?

없을지도 모른다. 별들이 우주의 끝일 수도 있다. 허셜이 본인 묘비명에 새긴 것처럼 "하늘의 장벽을 뚫고" 나간 후, 망원경이 우주의 가장 깊은 곳까지 도달했을 수도 있다.

하지만 가장 먼 별이 왜 우주 존재의 최종 끝이어야 하는가? 천문학자들이 망원경 기술을 한 단계 발전시킬 때마다, 우주의 한계도 함께 확장됐다. 그리고 가장 먼 지평선 너머에 뭔가 더 있다면? 20세기 초에 천문학자들은 그게 뭔지 알아냈다. 라틴어로 구름을 뜻하는 바로 성운nebulae이었다.

물론 이 구름, 즉 성운이 정확히 무엇인지는 몰랐다. 밤하늘의 희미한 얼룩 정도로만 알았을 뿐이다. 갈릴레오 이전, 맨눈으로 관측하던 시대에는 이런 얼룩처럼 보이는 성운이 아홉 개뿐이었다. 갈릴레오는 망원경의 높은 배율 덕분에 일부 구름이 단지 '별 무더기', 즉 '셀 수 없는 많은 별이 모여 있는 것'이라는 걸 알아냈다. 하지만 나머지 구름들의 정체는 여전히 수수께끼였다. 천문학자들이 계속 더 많이 발견했는데도 말이다. 1770년대 허셜이 별 관측을 시작할 무렵에는 성운이 90개로 늘어났다. 허셜의 망원경이 가진 깊이의 힘, 즉 더 많은 빛을 모아 우주 속 별의 세계를 더 깊이 그리고 더 멀리 볼 수 있었다. 덕분에 그는 약 2,500여개의 성운을 추가로 발견할 수 있었다.

허셜은 관측 시간 대부분을 별을 연구하는데 사용했지만. 정체를 알 수 없는 성운들의 본질도 밝히려 했다. 어떤 껍질 같은 것에 둘러싸인 별 하나일까? 가스 덩어리일까? 아니면 당시 막 등장한 표현처럼 우리와 같은 '섬 우주'일까?

여기서 "우리와 같은"이 무슨 뜻일까? 고대 그리스인들은 어두운 밤하늘을 가로지르는 희끄무레한 띠에 이름을 붙였다. 갈락토스galactos, '하늘의 우유 같은 것'이라는 뜻이다.• 세월이 흐르며 두 용어는 거의 같은 의미가 됐다. 은하galaxy와 은하수Milky Way. 망원경이 발명된 후 천문학자들은 그 우유빛 띠가 정말로 별들로 이루어져 있다는 걸 확인했다. 허셜 시대에는 일부 천문학자와 철학자들(1755년 임마누엘 칸트 포함)이

• 다른 문화권에서는 다른 이름으로 불렀다. 중국에서는 은하銀河라고 했다.

우리 섬 우주의 별들이 우리 태양 같은 다른 항성들일 거라고 생각했다. 그리고 논리를 확장했다. 우리 태양이 은하수라 부르는 무수한 별 중 하나라면, 은하수도 섬 우주라 부르는 무수한 성운 중 하나가 아닐까?

1840년대, 허셜 다음 세대에 윌리엄 파슨스William Parsons 즉, 로스 백작 3세가 등장했다. 그는 허셜이 주장한 반사경 천문학에 영감을 받아 아일랜드 오팔리 카운티에 있는 자기 영지에 거대 반사망원경을 건설했다. 이 망원경은 곧 '파슨스타운의 리바이어던(괴물)'이라는 별명을 얻었다. 그도 그럴 것이 반사경 지름이 72인치(약 1.8미터)였다. 허셜의 최대 반사경이 48인치(약 1.2미터)였으니 2피트(약 60 센티미터)나 더 컸다. 게다가 발견의 법칙은 변함이 없어서, 더 큰 망원경은 더 많은 빛을 모을 수 있었고, 더 많은 빛은 더 깊은 우주를, 더 깊은 우주는 더 많은 성운을 찾을 수 있다는 것을 의미했다.

또한 더 많은 빛은 이미지의 해상도도 높였다. 세부 구조를 더 선명하게 볼 수 있게 되었다는 말이다. 로스 백작 3세는 우주를 더 깊이 들여다보며 성운을 더 많이 발견했을 뿐 아니라, 어떤 경우에는 성운의 구조적 본질까지 알아낼 수 있었다. 1850년 발표한 논문에는 나선 모양 성운 다섯 개의 스케치와 추가로 발견한 나선 성운 14개의 목록이 실렸다.

동시대 미국 천문학자 스티븐 알렉산더Stephen Alexander는 이미 허셜이 시도한 '우주의 구조' 3차원 지도화 시도를 연구하고 있었다. 그런데 1852년 로스의 논문을 읽고 나서 무엇을 찾아야 할지 깨달았다. 곧 로스 백작 3세는 결론을 내렸다. 우리 섬 우주, 즉 우리 은하, 우리 은하수의 별들도 모두 "나선 구조를 이룬다"고.

20세기에 들어서도 이 나선 성운이 우리 은하 안에 있는지 밖에 있는지는 여전히 논쟁거리였다. 역사가들이 '대논쟁'이라고 부를 정도였으니 말이다. 1920년, 당대 가장 영향력 있는 두 천문학자가 워싱턴 DC 내셔널 몰에 있는 스미스소니언 자연사박물관Smithsonian Museum of Natural History의 베어드 강당에서 맞붙었다. 하지만 말재주로 결판이 날 문제가 아니었다. 오직 증거만이 답을 줄 수 있었다.

답은 3년 뒤에 나왔다. 1923년 10월 4일, 로스앤젤레스 북동쪽 샌가브리엘 산맥의 윌슨산 천문대Mount Wilson Observatory, MWO에서 에드윈 허블이 안드로메다 대성운Andromeda Nebula, 즉 M31•을 관측했다. 그가 사용한 망원경은 만들어진 지 4년

• 1781년 프랑스 천문학자 샤를 메시에Charles Messier가 발표한 103개 성운 분류 체계에서. 메시에에게 성운은 혜성 찾기를 방해하는 골칫거리였다. 하지만 허셜에게는 메시에 목록이 성운 연구의 귀중한 입문서였다.

밖에 안 됐지만 100인치(약 2.5미터) 반사경을 갖추고 있었다. 허셜의 48인치(약 1.2미터)보다 로스 백작이 24인치 늘렸고, 허블은 다시 28인치를 더 늘린 것이다.•• 하지만 에드윈 허블의 진짜 무기는 따로 있었다. 기존의 거대 반사경을 이용한 천문학자들에게는 없던 것. 바로 사진 기술이었다.

당시에 비교적 새로운 기술이었던 천체 사진술은 천문학자들에게 두 가지 이점을 제공했다. 첫째는 빛의 양이었다. 반사경이든 굴절 렌즈든 빛을 모으지만, 그 빛을 관측하는 건 눈 깜짝할 사이뿐이다. 사진 건판도 눈 깜짝할 사이에 빛을 모으지만, 천체 사진술에서 그 눈은 셔터고, 셔터는 사진가가 원하는 만큼 열어둘 수 있다. 그동안 유리 건판은 계속해서 빛을 모으고 또 모은다. 먼 우주에서 온 광자들이 브롬화은을 가득 채운다. 이날 M31을 촬영하기 위해 허블은 셔터를 45분간 열어두었다.

다음 날 허블은 사진의 두 번째 장점을 활용했다. 맨눈으로 관측하면 막연한 인상만 남는다. 머릿속에 남아있는 몇 가지 디테일을 종이에 연필로 스케치해 볼 수도 있을 것이다.

•• 당장은 유용했지만 로스 백작의 리바이어던 망원경은 끝내 기대에 못미쳤다. 아일랜드 특유의 습하고 바람 많은 날씨 탓에 천문학자들이 말하는 "시상이 나쁜" 날이 많았기 때문이다.

이 모든 과정은 지극히 주관적이다.

반면 사진 건판의 이미지는 객관적이라고 볼 수 있다. 최초 관측자의 편견에서 비교적 자유로운 이미지다. (물론 나중에 분석하는 사람의 해석과 편견은 피할 수 없다. 과학도 결국 인간이 하는 일이기 때문이다.) 중요한 건, 이미지가 영구 보존된다는 점이다. 역사적 기록의 일부가 되는 것이다. 천문학자들은 언제든 꺼내 보며 찬찬히 연구할 수 있었다.

허블은 연구실에서 바로 전날 밤 찍은 건판을 들여다봤다. 그러다가 M31의 나선팔 사이에서 '신성', 즉 새로운 별을 발견한 것 같았다(사실 당시 천문학자들이 막 깨닫기 시작했지만, 신성은 새 별이 아니라 수명을 다한 별이 폭발하는 것이었다). 허블은 그날 밤 다시 M31로 돌아가 45분짜리 사진을 또 찍었다. 다음 날, 이틀 치 건판을 모아놓고 예전에 찍어둔 날짜가 다른 M31 사진 여러장과 비교하기 시작했다.

허블이 발견한 건 신성이 아니었다. 갑자기 밝아졌다가 어두워지고 사라지는 별이 아니었던 것이다. 그 정체는 변광성이었다. 이름 그대로 밝기가 변하는 별. 별이 밝아지고 어두워지고, 밝아지고 어두워지고, 또 밝아지고 어두워지는 맥동을 한다. 허블은 영화 필름 한 장 한 장을 이어 붙이듯이 사진 건판을 순서대로 늘어놓았다. 당시 막 인기를 끌던 활동사진처럼 말이다. 그 결과 별이 실제로 밝아졌다 어두워지는 걸 확인할 수 있었다.

자세히 살펴보니 M31의 변광성은 그냥 변광성이 아니었다. 세페이드 변광성Cepheid Variable이었다. 단순히 밝아졌다 어두워지는 게 아니라, 시계처럼 정확하고 일정한 세기로 밝기가 변하는 특별한 변광성이었다. 1784년 영국 아마추어 천문학자 존 굿리케John Goodricke가 세페우스자리의 델타 세페이에서 처음 발견한 특징을 가진 변광성이었던 것이다.

허블이 찾고 있던 바로 그것이 세페이드 변광성이었다. M31 성운이 우리 은하 안에 있는지 밖에 있는지 알아내려면 이 세페이드 변광성이 필요했다. 1908년 하버드 천문학자 헨리에타 스완 리비트Henrietta Swan Leavitt가 중요한 발견을 했다. 세페이드 변광성의 맥동 주기와 실제 밝기가 비례한다는 것이다. 최고 밝기에서 다음 최고 밝기까지 주기가 길수록 별이 더 밝다. 한마디로 세페이드 변광성은 천문학자들이 말하는 '표준 촛불'이었다. 밝기가 일정한 천체는 이렇게 표준 촛불로 사용할 수 있다. 예를 들어 100와트 전구를 생각해보자. 우리가 전구의 절대 밝기가 100와트인 것을 알고 있다면? 어떤 거리에서든 눈에 보이는 밝기, 즉 겉보기 밝기를 이용해 거리의 역제곱 법칙을 적용해서 실제 거리를 계산할 수 있다. 허블은 M31에서 발견한 세페이드의 맥동 주기를 리비트가 모은 세페이드들과 비교했다. 결과는 충격적이었다. M31과 그 안의 세페이드 변광성이 우리 은하 너머에 존재하고 있었던 것이다.

허블은 10월 5-6일 밤에 찍은 사진 건판 H335H를 다시 꺼냈다. '신성'을 뜻하는 "N"을 지우고 환호하듯 "VAR!"을 써넣었다.•

같은 해, 미국 천문학자 베스토 슬라이퍼Vesto Slipher가 41개 성운 목록을 발표했다. 대부분이 묘한 특징을 보였다. 천체 사진술과 분광학을 함께 사용해 조사한 결과, 36개 성운의 스펙트럼선이 예상했던 위치에 없었다. 전자기 스펙트럼상 있어야 할 곳에 없었던 것이다. 대신 가시광선 영역의 빨간색 쪽에 치우쳐 있었다. 이런 '적색이동'은 파장이 늘어났음을 의미한다. 빛을 내는 천체가 우리에게서 멀어지고 있거나, 우리가 그 천체에서 멀어지고 있을 때 나타나는 현상이다. 이동량이 클수록 멀어지는 속도도 빠르다.

이후 몇 년간 허블은 그래프를 그리기 시작했다. 슬라이

• 언젠가 허블의 제자 앨런 샌디지Allan Sandage의 사무실에 간 적이 있다. 그가 물었다. "그 건판 보고 싶으세요?" 그러더니 파일 캐비닛(!)에서 꺼내 내 손에 직접 전달해주었다. "빨간색으로 썼어요." 샌디지가 허블의 "VAR!" 표시를 가리키며 말했다. "기자들이 와서 볼 걸 알았던 거죠."

퍼의 성운들과 휠슨산 동료가 모은 성운들의 데이터를 그래프의 x와 y축에 표시했다. x축은 거리였다. 세페이드 변광성으로 계산한 거리, 그리고 덜 정확하지만 성운의 상대 밝기로 추정한 거리를 의미했다. y축은 속도였다. 적색이동으로 알아낸 후퇴 속도를 의미했는데, 결과는 놀라웠다.[•] 비례 관계가 나타난 것이다. 거리가 멀수록 적색이동의 속도가 빠르게 나타난 것이다. 허블은 우주가 팽창한다는 놀라운 결론에 도달했다. 같은 시기, 벨기에의 이론물리학자 조르주 르메트르Georges Lemaître도 독자적으로 똑같은 답을 찾아냈다. 단, 허블이 관측 데이터를 바탕으로 했다면, 르메트르는 아인슈타인의 일반상대성이론 방정식을 풀어서 이 사실을 알아냈다. 공간의 기하학적 구조가 변할 수 있다는 것을 수학적으로 증명한 것이다.

윌리엄 허셜이 "하늘의 장벽을 돌파"해 태양계 너머 밤하늘에 깊이라는 세 번째 차원을 부여했다면, 허블과 르메트르는 그 깊이를 우리 은하 경계 너머로 한없이 확장시켰다. 우주의 크기 자체를 완전히 새롭게 정의한 것이다.

그런데 이 두 천문학자의 발견은 단순히 허셜이 보여준

• '놀라웠다'고 쓰긴 했지만, 사실 오차 범위가 오늘날 기준으로는 학술지 심사를 통과 못할 수준이었다.

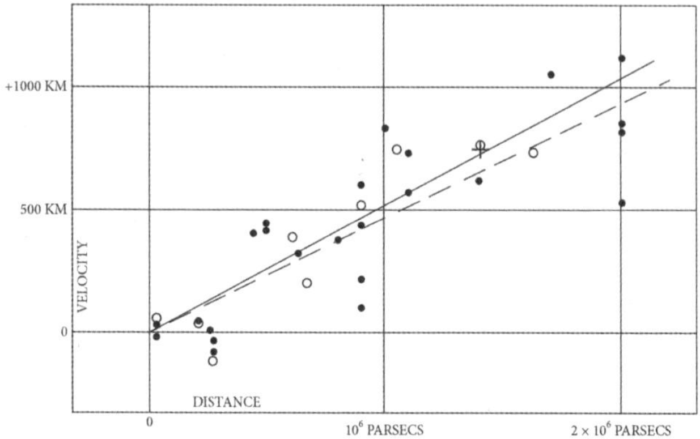

네 번째 차원: 1929년 천문학자 에드윈 허블이 발표한 그래프. 은하까지의 거리와 후퇴 속도가 정비례한다. 은하가 우리에게서, 우리가 은하에게서 멀어지는 속도. 이것이 바로 우주론이라는 새로운 과학의 탄생이었다. 시간 속에서 움직이는 우주가 모습을 드러낸 것이다.

것보다 우주를 더 깊게, 3차원 공간을 더 멀리 확장한 것이 아니었다. 그들은 우주에 완전히 새로운 차원을 더했다. 바로 시간이라는 네 번째 차원이었다. 훗날 제임스 웹 우주망원경이 우주 전체에 흩어진 은하들의 진화 과정을 추적하며 똑같은 방식으로 탐구하게 될 바로 그 차원이었다.

"여전히 믿을 수가 없어요."

반대하는 사람들은 끝까지 물러서지 않았다. 매주 열리는 화상회의에서 오리 폭스가 아무리 새로운 진척 사항을 보고해도 소용없었다. 그들의 대답은 한결같았고, 논리도 늘 똑같았다.

"관측과 이론은 떼려야 뗄 수 없는 관계입니다. 실험 데이터를 이론 모델에 '맞추려면' 둘 다 똑같이 정교해야 해요. 제임스 웹 이전에는 이런 수준의 데이터를 꿈도 못 꿨죠. 아예 상상조차 못했어요. 그런데 이제 이런 놀라운 데이터를 얻었잖아요? 그럼 이론 모델도 그만큼 정교해져야죠. 데이터가 완벽하면 모델도 완벽해야 한다고요."

폭스와 샤반데도 할 말이 없었다. 반박할 수 있을 리가 없었다. 연구팀은 지금 인류가 한 번도 써본 적 없는 망원경을 사용하고 있었다. 그리고 인류가 한 번도 본 적 없는 우주를 들여다보고 있었다. 하지만 더 중요한 사실이 있었다. 그들이 이 망원경으로 풀려는 문제가 천문학자들을 수십 년간 골머리 앓게 만든 풀리지 않은 수수께끼라는 점이었다.

먼지, 먼지, 온 우주가 먼지로 가득하다.

우주에는 먼지가 너무 많았다. 제임스 웹으로 태양계와 우리 은하를 연구하는 천문학자들이 물의 흔적을 좇았듯이, 은하 진화를 연구하는 전문가들은 먼지를 좇았다. 물이 별과 행성 탄생의 비밀을, 그리고 생명의 가능성을 알려준다면, 먼지는 은하 진화의 열쇠였다. 먼지가 충분히 모이면 어떻게 될까? 중력이 작용해 덩어리가 만들어진다. 시간이 흐르면 이 덩어리들끼리 또 중력으로 끌어당긴다. 점점 커지고, 점점 빽빽해진다. 마침내 단단한 천체로 압축된다. 아주 작은 미소운석부터 거대한 은하까지, 모든 규모에서 이런 일이 일어난다. 천체를 다 만들고 남은 먼지는? 우주 공간을 떠돈다. 은하 안에서 별들 사이를 떠돌기도 하고, 은하와 은하 사이의 텅 빈 공간을 떠돌기도 한다.

그런데 지난 반세기 동안 천문학자들은 계속 이상한 현상을 목격했다. 예상보다 먼지가 너무 많았다. 빛의 속도는 유한하다. 그래서 멀리 있는 천체를 볼수록 더 오래된 과거를 보게 된다. 이건 천문학자들에게는 오히려 좋은 일이었다. 우주가 아기였을 때부터 지금까지 어떻게 성장했는지 추적하려면 과거를 봐야 했으니까. 하지만 우주 역사의 특정 시점마다 먼지가 얼마나 있었는지 계산해보면? 늘 이상했다. 이론이 예측한 것보다 실제 먼지가 훨씬 더 많았다.

그렇다면 이 엄청난 먼지는 대체 어디서 온 걸까? 천문학자들은 범인을 하나로 좁혀갔다. 바로 초신성이었다. 거대한 별이 최후를 맞으며 일으키는 대폭발이었다. 더 정확히 말하면, 별의 핵이 스스로의 중력을 이기지 못하고 안으로 무너져 내리면서 극도의 핵반응을 일으키고, 그 충격이 바깥으로 폭발하는 현상이다. 문제는 증거를 잡을 수 없다는 것이었다. 제임스 웹이 등장하기 전까지는 그 어떤 망원경도 초신성의 먼지를 제대로 볼 수 없었다. 관측에 필요한 적외선 파장을 포착할 수 없었기 때문이다.

별에서 나온 먼지는 보통 차갑다. 적어도 별의 뜨거운 열기에 비하면 차가운 편이다. 이 찬 먼지는 전자기 스펙트럼에서 약 20마이크론 파장에서 가장 밝게 빛난다. 2003년부터 2020년까지 활동한 스피처 우주망원경Spitzer Space Telescope도 20마이크론을 관측할 수 있었지만, 성능이 부족했다. 비교적 가까운 초신성조차 제대로 관측하기 어려웠다. 그러다 2010년, 칠레의 아타카마 대형 밀리미터 망원경 어레이Atacama Large Millimeter Array와 허셜 우주망원경의 적외선 관측장비를 초신성 1987A•로 향했다. 1987년에 대마젤란 은하Large Magellanic Cloud에서 폭발한 별이었다. 대마젤란 은하는 우리 은하의 위성 은하로, 우주적 관점에서는 바로 옆집이나 다름없.다(정확히는 158,200광년 떨어져 있다). 관측 결과는 놀라웠다. 초신성의 잔해가 여전히 분출된 먼지로 가득했고, 그

• 초신성 이름은 단순한 규칙을 따른다. 발견 연도 다음에 발견 순서를 알파벳으로 표기한다. 따라서 초신성 1987A는 1987년 발견된 첫 번째 초신성이라는 뜻이다.

양이 어마어마했다. 만약 초신성 1987A가 우주 전체 초신성의 평균이라면, 초신성이야말로 우주에 넘쳐나는 먼지의 주범일 가능성이 컸다.

폭스 팀이 선택한 전략은 간단했다. 차가운 먼지가 가장 강한 신호를 내는 20마이크론 파장에서 다른 초신성들을 살펴보는 것이었다. 목표물들은 비교적 가까운 초신성들이었다. 대마젤란은하보다 10배에서 100배 정도 먼 거리에 있지만, ALMA나 허셜로는 관측할 수 없는 곳에 있는 것들이었다. 핵심 질문은 이것이었다. 그 초신성들의 먼지 잔해가 초신성 1987A와 비슷할까? 만약 그렇다면, 초신성이 우주 전체에 먼지를 뿌렸다는 가설이 더욱 탄탄해질 것이다. 그 먼지가 바로 모든 것, 정말로 모든 것의 토대가 되었다는 가설 말이다.

폭스와 그의 동료들은 제임스 웹의 중적외선 장비를 사용해 두 개의 사진 필터를 설치했다. 하나는 차가운 먼지가 가장 강한 신호를 내는 20 마이크론 지점에, 다른 하나는 초신성 주변의 뜨거운 별들이 방출하는 5 마이크론 지점에 맞췄다. 처음 목표 다섯 개 중 첫 번째는 NGC 6946* 내부의 초

* NGC는 New General Catalogue of Nebulae and Clusters of Stars의 약자로, 1888년 영국왕립천문학회가 발간한 성운과 성단 목록이다. 7,840개의 천체가 수록되어 있다.

신성이었다. 지구에서 2,200만 광년 떨어진 이 은하는 천문학자들 사이에서 '불꽃놀이 은하'라는 별명으로 불렸다. 지난 100년간 초신성이 대략 12개나 발견되었을 정도로 초신성이 많이 발생했기 때문이다.

폭스 팀은 불꽃놀이 은하 안에서 어디쯤에 초신성이 있는지 어렴풋이만 알고 있었다. 중적외선 장비를 사용하는 다른 천문학자들처럼, 굳이 0과 1의 이진 데이터를 사진으로 변환할 필요는 없었다. 알고리즘을 만들어 이진법으로 이루어진 데이터 속에서 특정 픽셀을 찾아내면 그만이었다.

하지만 폭스와 샤반데는 어떤 느낌이 들었다. 이진법 데이터를 이미지로 만들면 초신성이 그냥… 팍! 하고 튀어나올 것 같았다. 그렇게 생각한 이유는 다음과 같았다. 연구팀은 두 개의 필터로 관측한 데이터를 각각 다른 색으로 표시하기로 했다. 5 마이크론 필터로 관측한 빛은 파란색으로, 20 마이크론 필터로 관측한 빛은 빨간색으로 말이다. 5 마이크론 필터의 빛은 파장이 짧아 에너지가 높고, 주로 뜨거운 별들이 내는 빛이다. 반면 20 마이크론은 파장이 길어 에너지가 낮고, 차가운 먼지가 내는 빛이다. 그래서 완성된 이미지에서는 에너지가 높은 별들이 파랗게, 에너지가 낮은, 차가운 먼지가 빨갛게 보일 것이다. 만약 초신성이 정말로 많은 먼지를 만들어냈다면? 파란 별들로 가득한 화면에서 빨간색으로 빛나는 무언가가 확연히 드러날 것이다.

NGC 6946의 첫 관측 데이터가 제임스 웹 데이터 처리 시스템에서 막 쏟아져 나왔다. 심지어 그때는 우주망원경과학연구소 로툰다 별관에서 초신성 2004et•에 관한 첫 화상 회의가 열리기도 전이었다. 하지만 폭스와 샤반데는 기다릴 수 없었다. 즉시 이미지 제작을 의뢰했다.

그 시점에서 이미지는 아직 흑백이었다. 제임스 웹 기술진이 0과 1의 이진 데이터에서 추출한 각 픽셀의 밝기만 보여주고 있었다. 폭스와 샤반데는 먼저 5마이크론 필터로 찍은 이미지를 살펴보았다. 빛나는 점들로 가득했다. 바로 별로 가득 찬 모습이었다. 연구팀이 5마이크론을 선택했을 때 예상한 그대로였다.

다음으로 20마이크론 필터 이미지 차례였다. 폭스와 샤반데가 화면을 응시했다. 5마이크론에서 가득했던 빛나는 점

• 1987A 이후 초신성 발견이 폭발적으로 늘어났다. 1987A는 초신성 과학의 새 시대를 연 주인공이었다. 발견이 너무 많아져서 천문학자들은 초신성의 이름을 짓는 규칙을 손봐야 했다. 원래는 발견 순서대로 A부터 Z까지 붙였다. 하지만 한 해에 26개가 넘으면? 다시 처음으로 돌아가되 소문자로 바꿨다. A 대신 a부터 시작해서 다시 알파벳을 돌았다(aa, ab… ax, ay, az). 이것도 다 쓰면? 다음 글자로 넘어갔다(ba, bb, bc… ca, cb, cc…). 결론은 2004et라는 이름은 2004년에 발견된 150번째 초신성이라는 뜻이다.

들이 흔적도 없이 모조리 사라져 있었다. 단 하나를 빼고는.

그 하나는 사라지기는커녕 오히려 더 밝게 빛났다.

폭스가 샤반데 뒤에서 안절부절했다. 어깨 너머로 들여다보며 이것저것 물었다. 이미지 스케일링은 어떻게 하냐, 최적화는 뭐냐, 명암은 어떻게 조절하냐. 아예 모르는 것은 아니었지만, 곧 깨달았다. 입 다물고 전문가에게 맡기는 게 상책이라는 것을.

샤반데가 마침내 필터 이미지들에 색을 입히는 코드를 돌리고, 두 이미지를 하나로 합쳤다.

컴퓨터 화면에 이미지가 떴다. 두 사람이 동시에 뒤로 물러섰다. 화면은 파란 점들의 바다였다. 온통 파랗기만 했다. 단 하나를 빼고는. 빨간색 점이었다. 차가운 빛이었다. 잔해이자 분출물이자 먼지였다.

그 정체는 바로 초신성 2004et였다.

정말로 도드라지게 팍! 하고 튀어나왔다.

초신성이 우주에 씨앗을 뿌린다는 생각 자체는 오래됐다. 다만 성간 먼지에 얼마나 기여하는지 정확히 측정하려는 시도는 최근에야 시작됐다. 이제 제임스 웹 우주망원경 덕분에 이제 새로운 시대가 열렸다. 하지만 과학자들은 이미 수십 년 전부터 알고 있었다. 초신성이 뿜어낸 먼지 입자가 진화의 엔진이라는 사실을 말이다. 우주의 진화뿐 아니라 인류 진화의 엔진이기도 하다는 것을.•

은하와 그 안의 별들은 성간 물질에서 태어난다. 성간 물질은 분자 가스와 먼지로 가득하다. 이 가스와 먼지가 뭉쳐서 구름을 만들고, 구름들이 합쳐지면서 별이 태어날 조건이 만들어진다. 별이 타오르기 시작한다. 불타오르기 시작한다. 이 별은 행성을 거느릴 수도 있고, 그 행성의 생명에 필요한 영양분을 제공할 수도 있다. 그리고 결국 별은 죽는다. 태양처럼 상대적으로 작은 별은 천천히 늙어간다. 하지만 충분히 무거운 별은 초신성 폭발을 일으키며 자신이 만들어낸 모든 것을 다시 성간 물질로 토해낸다.

그렇게 우주의 순환이 이어진다. 성간물질에서 분자 구름으로, 구름의 충돌에서 별의 탄생으로, 별의 죽음에서 다시 성간 물질로. 그리고 별 중 일부는 죽음의 최후를 초신성으로 맞이하며 우주에 새로운 씨앗을 뿌린다.

• NASA는 창조론자들을 의식해 적어도 2000년대 초반부터 '진화'라는 단어를 피해왔다. 그래서 천문학자들은 제임스 웹의 네 가지 공식 목표 중 하나를 '은하의 진화'라고 부름에도 불구하고 공식 명칭은 '은하의 형성Assembly of Galaxies'이다.

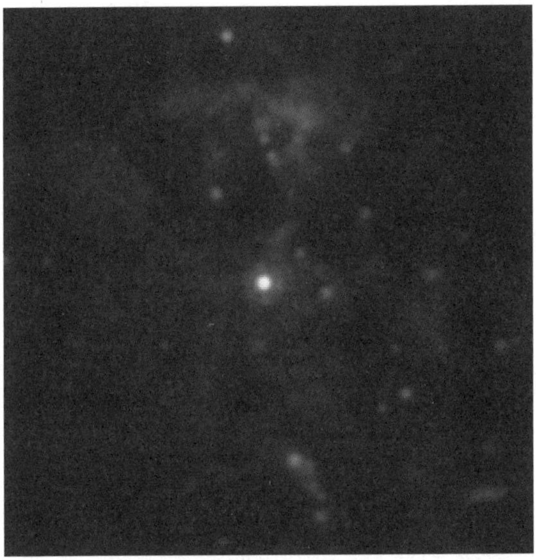

돌출 : 오리 폭스와 멜리사 샤반데는 굳이 이미지를 만들지 않고도 디지털 알고리즘으로 필요한 데이터를 뽑아낼 수 있었다. 하지만 두 사람은 직접 눈으로 확인하고 싶었다. 초신성 2004et와 같은 은하에 있는 다른 별들이 얼마나 극명한 대조를 이루는지 말이다. (이 이미지가 바로 그들을 본능적으로 놀라게 만든 바로 그 사진이다. 더 고해상도 버전은 나중에 동료 심사를 거친 논문에 실릴 예정이었다.)

이 순환은 끝이 없다. 계속, 계속, 또 계속된다. 수백만 년, 수십억 년 동안. 순환이 한 번 돌 때마다 우주는 조금씩 더 복잡해진다. 1950년대 중반, 물리학자들이 깨달은 놀라운 사실이었다.

18개월 동안 칼텍 켈로그 방사선 연구소의 창문 없는 방에서 네 명의 물리학자가 칠판과 씨름했다. 미친 듯이 계산하고 지우고 다시 썼다. 그들이 풀려는 수수께끼는 원소의 기원이었다. 의문은 이것이었다. 별이 초신성으로 폭발할 때 단순히 내용물을 토해내는 게 아니라면? 그 엄청난 열핵폭발이 무언가 새로운 걸 더 만들어낼 수 있지 않을까? 폭발의 연쇄반응이 물질의 기본 입자들을 산산조각 냈다가 다시 뭉쳐서 더 무거운 원소를 만든다면? 그렇다면 초신성이 대를 이어 폭발하면서 주기율표의 모든 원소를 만들어낸 것일까?

네 명의 물리학자는 결론을 내렸다. 가능하다.

1957년 칼텍 연구팀은 그 결과를 《현대물리학 리뷰Reviews of Modern Physics》에 104쪽짜리 논문으로 발표했다. 제목은 "별 내부에서의 원소 합성"이었다. 네 명의 저자•는 원소의 기원에 대해 다윈이 거의 100년 전 종의 기원에 대해 한 것과 같

• E. 마거릿 버비지, G. R. 버비지, 윌리엄 A. 파울러, F. 호일. 과학자들은 지금도 이 네 명을 B2FH라고 부른다.

은 일을 해냈다. 그리고 그들은 온 세상이 이 사실을 알아야 한다고 생각했다. 다윈의 《종의 기원》 마지막 구절을 빌려 그들은 "이토록 단순한 시작에서 가장 아름답고 경이로운 무수한 형태들이 진화해왔고, 지금도 진화하고 있다."고 선언했다. 10년 뒤 조니 미첼이 "우드스탁"이라는 노래에서 표현한 것처럼, 우리는 별의 먼지로 만들어진 존재였다.

2022년 7월 제임스 웹이 과학 관측 모드에 들어가자마자, 100명이 넘는 연구자들로 구성된 국제 협력팀이 나선은하 관측에 착수했다. 팀 이름은 "근처 은하의 고해상도 물리학Physics at High Angular resolution in Nearby GalaxieS"이었다. 약어로는 PHANGS라고 불렀는데, 과학자들이 직접 만든 이 약어는 다소 파격적이었다. 이 나선은하들은 바람개비처럼 생겼다. 실제로 바람개비처럼 돌고 있기도 하다. 우리 은하도 그중 하나다. 물론 우리 눈에는 너무 느려서 회전하는 게 보이지 않는다.** 하지만 은하의 우주적 시간 척도로 보면 회전 속도는 충분히 빠르다. 가스와 먼지와 별들을 모아서 나선팔이라는 특징적인 구조를 만들 정도로 말이다. PHANGS 관측 프로그램이 목표로 한 은하들은 각각 수천억 개의 별을

●● 천문학자들은 그래도 회전 속도를 측정할 수 있다. 은하의 나선팔이 우리에게서 멀어질 때는 적색이동을, 가까워질 때는 청색이동하는데, 이때 이동량을 측정하면 된다.

품고 있었다. 하지만 나선팔은 여전히 베일에 싸여 있었다. 어디에나 있는 먼지와 성간 가스 때문이었다.

제임스 웹 발사 전까지 PHANGS는 19개의 나선은하를 추적하고 있었다. 허블 우주망원경과 지상 망원경으로 가시광선, 전파, 자외선 영역을 관측했다. 하지만 나선팔을 뚫고 들어가려면 적외선이 필요했다. 다시말해 제임스 웹 우주망원경이 필요했다는 뜻이다.

PHANGS의 목적 중 하나는 나선팔을 꿰뚫어 그 안에 무엇이 숨겨져 있는지를 보는 것이었다. 제임스 웹의 중적외선 장비인 MIRI로 7.7마이크론과 11.3마이크론을, 근적외선 카메라인 NIRCam으로 3.3마이크론을 관측했다. 이 파장들은 별과 행성 형성에 핵심적인 역할을 하는 분자와 탄화수소가 만드는 파장에 해당한다. 제임스 웹 우주망원경은 단번에 이 분자들과 탄화수소를 포착했다.

PHANGS의 또 다른 목표는 나선팔을 뚫고 내부 구조를 들여다보는 것이었다. 천문학자들은 제임스 웹 우주망원경 이미지를 통해 놀라운 광경을 목격했다. 거대한 가스 거품들, 텅 비어서 먼지조차 비어있는 영역들... 그런데 더 놀라운 건 이들이 서로 영향을 주고받는 모습이었다.

나선팔 안쪽을 뚫어서 보려는 이유가 하나 더 있었다. 바로 진화의 퍼즐을 세밀하게 재구성하는 것이었다. 별이 얼마나 빨리, 어떤 시간의 척도로 태어나는지, 한 세대의 별들이 다음 세대를 어떻게 도와주는지, 아니면 너무 격렬한 반응으로 오히려 방해를 하는지, 이 모든 과정을 세세하게 밝혀내고자 하는 것이었다.

하지만 PHANGS의 궁극적인 목적은 팀원들의 연구 성과에만 있지 않았다. 과학계 전체의 발전에 기여하는 것이었다. PHANGS는 일명 "보물 탐사treasury survey"연구를 수행하고 있었다. 누구나 접근할 수 있는 연구 자료의 보물창고를 만드는 것이었다. 미래의 관측과 이론 모델 개선을 위한 귀중한 자원 말이다.• 제임스 웹 우주망원경이 가동한지 첫 6개월 동안 협력팀은 목표로 한 19개 은하 중 겨우 4개만 들여다보았다. 그런데 데이터의 질과 양이 너무나 압도적이어서, 이 예비 연구만으로도 무려 21편의 논문으로 《천체물리학 저널 레터스》 한 호를 통째로 채울 수 있었다.

제임스 웹 우주망원경도 적외선 관측 영역에서 뛰어난 성

• 제임스 웹 우주망원경의 주요 임무가 바로 미래 연구를 위한 방대한 자료 목록을 만드는 일이다. 유럽우주국과 AURA 소속 천문학자이자 우주망원경과학연구소의 은하 진화 분야 최고 전문가인 스베아 에르난데스Svea Hernandez가 이끄는 팀이 나선 은하 하나를 연구한 논문을 제출했을 때 일이다. 심사위원이 농담 반 진담 반으로 말했다. "그냥 데이터만 제공하세요. 그것만으로도 충분히 논문감입니다."

능을 보여주었지만 만능은 아니었다. 가장 짙은 먼지와 가스 구름은 여전히 뚫을 수 없었다. 2022년 7월 16일, 과학 프로그램을 시작한 지 겨우 5일째 되는 날, 제임스 웹 우주망원경의 근적외선 카메라가 초신성 1987A의 잔해를 관측했다. 하지만 중성자별을 찍는 데는 실패했다. 물리 법칙에 따르면 초신성 폭발 후 반드시 중성자별이 남아 있어야 했는데도 말이다. 대신 제임스 웹 우주망원경이 찾아낸 것은 형광빛을 내는 아르곤과 황이었다. 이 것을 보고 연구팀의 한 명이 강력하게 주장했다, 이 아르곤과 황의 존재가 바로 중성자별이 존재한다는 "결정적 증거"였다.

"이제 믿겠습니다."

마침내 반대파들이 드디어 백기를 들었다. 데이터를 받은 지 3개월이 지난 시점이었다. 처음의 설렘은 이미 사라진 지 오래였다. 적어도 폭스에게는 그랬다. 하지만 폭스와 샤반데가 데이터를 다시 확인하고 또 확인한 끝에 마침내 두 동료를 설득했다. 끝까지 버티던 그들이 논문에 이름을 올리겠다고 나섰다.

2023년 1월 25일, 연구팀은 《왕립천문학회 월간 보고

Monthly Notices of the Royal Astronomical Society》에 논문을 제출했다. 샤반데가 제1저자였다. 그 사이 불꽃놀이 은하의 또 다른 초신성인 2017eaw 데이터도 분석을 마쳤다. 두 초신성 잔해에 현재 존재하는 먼지의 양을 측정한 뒤, 1987A가 같은 나이였을 때의 먼지 양과 비교했다. 새로 관측한 두 초신성의 먼지는 1987A만큼 많지는 않았다. 하지만 논문 초록에 자신 있게 쓸 수 있을 정도로 비슷한 수준의 먼지의 양을 보여주었다. 초신성이야말로 우주에 넘쳐나는 수 많은 먼지의 비밀을 풀 열쇠일 수 있다고 말이다.

제임스 웹 우주망원경이 우리 주변, 그러니까 태양계와 우리 은하에서 물을 찾아냈듯이, 수십억 광년에 걸친 은하들에서 먼지를 연구한 것도 결국은 같은 질문이었다. 우리의 기원을 탐구하는 것이었다. 비유가 아니라 문자 그대로 "과연 우리는 어디에서 왔는가?"에 대한 답을 찾는 과정이었다.

하지만 제임스 웹 우주망원경에게는 넘어야 할 지평선이 하나 더 있었다. 최종 목적지에 도달하려면 말이다. 별과 초신성과 은하가 처음으로 빛을 발한 시대, 언젠가 우리를 만들 원소들이 막 태어나던 그 새벽의 순간으로 말이다.

6

네 번째 지평

우주 탄생의 순간을 찾아서

어딘가에 신호가 있다.

레베카 라슨Rebecca Larson은 확신했다. 몇 시간 전, 시애틀 호텔 로비에서 동료들과 커피 테이블에 둘러앉아 노트북을 침울하게 들여다 볼 때도 그랬다. 미국천문학회 개막 리셉션 내내, 그리고 저녁 식사 중에도 마찬가지였다. 지도교수 댄 코Dan Coe가 계속 나지막히 물었다. 정말로, 진짜로 노이즈 속에서 신호를 봤다고 생각하냐고. 그녀의 대답은 한 번도 바뀌지 않았다.

"확실하다니까요!"

저녁 만찬이 끝나고, 동료들은 흩어졌다. 아마 대부분 잠을 자러 침대로 향했을 것이다. 레베카도 침대로 향했다. 하지만 그녀는 달랐다. 코딩을 하러 침대로 갔던 것이다. 노트북을 열고 데이터를 확인하고, 모델을 검증하고, 파이프라인 자체도 한번 더 확인했다. 파이프라인은 제임스 웹 우주망원경이 관측한 데이터가 0과 1이라는 디지털 신호로 망원경에서 변환돼 과학자들 손에 들어가기까지 거치는 데이터 전달의 마스터 코드였다. 심지어 파이프라인은 관측 중에 제임스 웹 우주망원경이 미세하게 흔들린다는 것까지 계산에 넣은 상태였다.

레베카에게 제임스 웹 우주망원경은 아직 낯설었다. 많은 천문학자들이 여전히 이 망원경의 특성에 적응 중이었다. 레베카는 대학원 시절 하와이의 켁 망원경으로 분광학을 배웠다. 켁 망원경의 미묘한 특성은 속속들이 잘 알고 있었다. 하지만 그녀도 제임스 웹 우주망원경은 다른 모든 사람들처럼 부딪히며 배우는 중이었다.

레베카는 호텔 방에서 노트북을 두드리며 늘 하던 질문들을 떠올렸다. 천체의 나이를 알 수 있는 적색이동 스펙트럼이 적외선 영역으로 얼마나 이동했을까? 목표 천체의 화학 조성을 드러내는 데이터인 방출선은 몇 개나 보이나? 희미한 방출선의 피크peak 하나라도 특정 파장과 맞출 수 있을까? 하나만 맞춰도 다른 희미한 방출 피크들이 전자기 스펙트럼 위에 착착 정렬될 텐데 말이다.

초기 우주를 선명하게 포착할 수 있을까?

할 수 있었다.

새벽 3시쯤 레베카는 댄에게 문자를 보냈다. 노이즈 속에서 간신히 건져낸 신호를 대충 정리한 그래프였다. 그래프는 예쁘지도 않았고 본인 기준에도 한참 못 미쳤다. 하지만 지금으로선 충분했다. 연구팀이 원하던 모든 것이 담겨 있었기 때문이다.

관측한 천체는 기대 이상으로 오래된 천체였다. 우주 역사 초기의 은하라면 당연히 나올 법한 원소들이 그대로 검출된 방출선이 이를 말해주고 있었다. 지금까지 발견된 것 중 가장 먼 곳에서 온 방출선, 다시 말해 우주에서 가장 오래된 원소의 흔적이었다.

덤으로, 누구도 그들이 기존의 우주론을 망가뜨렸다고 비난할 수 없는 증거도 함께 있었다.

제임스 웹이 우주론을 박살냈다.

제임스 웹 우주망원경은 어떻게 우주론을 반박했나?

단 두 달 만에 우주론을 무너뜨린 제임스 웹!

2022년 말과 2023년 초, 뉴스의 헤드라인들은 마치 세상이 끝날 것처럼 호들갑이었다. 정확히는 우주의 끝이 아니라 우주에 대한 우리의 이해가 끝장났다는 얘기였다. 하지만 생각해보면, 우리가 알고 있는 우주는 우리가 이해하고 있는 우주뿐이니, 결국 마찬가지 아니었을까?

사실 우리가 우주를 제대로 이해하기 시작한 건 100년도 안 됐다. 우주망원경과학연구소STScI에서 열린 학회에서 한 우주론 학자가 이렇게 말한 적이 있다. "1914년 참호에서 죽은 병사가 아는 우주는 원시인이 아는 우주와 똑같았다." 물론 과장이었다. 당연히 병사가 알고 있는 몇 가지를 원시인은 몰랐을 테니까. 밤하늘에 움직이는 '별' 중 일부가 지구 같은 행성이라는 것, 지구가 태양 주위를 돈다는 것 같은 사실 말이다. 하지만 우주론 학자가 하려던 말의 요지는 지난 100년간 우주에 대한 이해는 그 이전 인류 문명 전체를 합친 것보다 더 발전했다는 것이었다. 그가 태어난 1950년대 중반만 해도, 우주론이라는 그의 전공 분야 자체가 천문학 분야에서 존재하지도 않았으니까 말이다.

현대 우주론이 태어난 건 1920년대 후반이었다. 에드윈 허블과 조르주 르메트르Georges Lemaître가 우주가 팽창한다는 증거를 내놓으면서부터였다. 이 발견은 오래된 수수께끼를 풀 단서가 됐다. 그 수수께끼는 1687년 아이작 뉴턴Isaac Newton이 《자연철학의 수학적 원리Philosophiae Naturalis Principia Mathematica(프린키피아)》에서 만유인력 법칙을 발표한 뒤 천문학자들을 괴롭혀온 문제였다. '우주에 물질이 가득하고, 그 물질들이 중력으로 서로 끌어당긴다면, 왜 우주는 붕괴하지 않을까?'라는 문제였다. 6년 후 한 성직자의 질문을 받은 뉴턴은 이렇게 인정했다. 물질로 가득한 우주가 영원히 균형을 유지한다는 건 "바늘 하나가 아니라 무한한 바늘들이, 그것도 무한한 공간의 입자 수만큼이나 많은 바늘들이 전부 바늘 끝으로 똑바로 서 있는 것"과 같다고 답했다. 그러면서도 바로 덧붙였다. "하지만 가능은 합니다. 적어도 신의 힘이라면 말이죠."

"이론 물리학이 놓친 엄청난 기회였습니다." 1999년 《프린키피아》 새 번역본 서문에서 스티븐 호킹Stephen Hawking이 한 말이다. "뉴턴은 우주의 팽창을 예측할 수 있었습니다."

아인슈타인도 마찬가지였다. 1917년, 일반상대성이론 방정식을 우주 전체에 적용하자 뉴턴과 똑같은 문제에 부딪혔다. 중력을 설명하는 방식은 달랐지만, 아인슈타인의 우주도 물질로 가득했고 그 물질들이 서로 영향을 미치고 있었다. 그런데도 우주는 붕괴, 즉 무너지지 않았다. 하지만 뉴턴과 달리 아인슈타인은 신의 힘을 끌어오지 않았다. 대신 방정식에 그리스 문자 람다(Λ)를 집어넣었다. 우주를 완벽한 균형상태로 유지하는 무언가를 나타내는 임의의 수학 기호였다.

허블과 르메트르가 발견한 팽창하는 우주 덕분에 이제 뉴턴의 신도, 아인슈타인의 람다도 필요 없었다. 존재하지 않는다는 건 아니지만, 적어도 우주가 붕괴하지 않는 이유를 설명하는 데는 필요 없어진 것이다. 하지만 당연한 질문이 바로 떠올랐다. 대체 무엇으로부터 팽창한다는 말인가?

우주의 팽창을 거꾸로 되감아보자. 결국 시작점에 도달한다. 어떤 탄생의 순간 말이다. 르메트르를 시작으로 몇몇 과학자들이 새로운 아이디어를 내놓았다. 시공간의 '폭발', 아니 좀 더 정확히 말하면 시공간의 팽창이었다. 나중에 이 현상은 '빅뱅'이라는 별명을 얻었다. 이 빅뱅이라는 말에는 사실 조롱이 섞여 있다. 터무니없는 아이디어처럼 들렸고, 수십 년 동안 경험적 증거가 없었기 때문에 대부분의 천문학자들은 그냥 무시했다. 하지만 1965년 7월, 《천체물리학 저널Astrophysical Journal》에 두 개의 논문이 나란히 실리면서 상황이 바뀌었다. 더 이상 무시할 수 없게 됐다.

첫 번째 논문은 프린스턴대학교 이론물리학자 네 명이 썼다. 그들은 최초로 생긴 가상의 불덩어리fireball의 온도를 계산한 뒤, 우주가 팽창하고 식으면서 그 온도가 어떻게 변해가는지를 추적했다. 그리고 현재 우주의 온도가 얼마일지 예측했다.

두 번째 논문은 벨 연구소 전파천문학자 두 명이 썼다. 그들은 놀랍게도 우연히 바로 그 우주의 온도를 측정했다고 보고했다. 사실 그들은 그 온도를 찾고 있던 것도 아니었고, 자신들이 뭘 발견했는지도 몰랐다. 프린스턴 팀의 설명을 듣고난 뒤에야 그 의미를 깨달았다. 그들이 발견한 건 하늘 전체에 퍼져 있는 마이크로파 흔적이었다. 초기 우주의 유물이자, 빅뱅 이론이 내놓은 대담한 예측과 정확히 일치하는 증거였다.

두 논문의 예측과 관측이 딱 맞아떨어졌다. 완벽한 증명까진 아니어도 설득력은 충분했다. 천문학계 대부분이 받아들이기 시작했다. '한 점에서 뭔가가 시작돼 팽창하는 우주'라는 터무니없어 보이던 아이디어가 사실은 검증 가능한 과학의 영역이었던 것이다. 그렇게 우주론은 형이상학에서 물리학으로, 막연한 추측에서 엄밀한 과학으로 발전해갔다. 이후 수십 년 동안 과학자들은 빅뱅 모델을 다듬고 또 다듬었다. 검증하고, 확인하고, 예측과 관측을 맞춰나갔다. 그 결과 21세기가 시작될 무렵, 표준우주론 모델Standard Model of Cosmology이 자리를 잡았다.

제임스 웹 우주망원경 발사 당시, 프로젝트에 참여한 사람들은 모두 표준우주론 모델이 탄생한 순간을 목격한 세대였다. 그들에게 우주는 곧 표준우주론 모델이었다. 그런데 발사 후 채 1년도 안 돼서, 제임스 웹 우주망원경이 바로 그 모델을 무너뜨렸다는 헤드라인들이 쏟아져 나왔다.

레베카가 새벽에 댄에게 문자로 그래프를 보낸 다음 날 오후, 연구팀 멤버들이 10분짜리 발표 세 개를 연달아 하기로 돼 있었다. 두 번째 발표가 레베카가 연구하던 은하에 관한 것이었다. 하지만 이번 최신 데이터는 포함하지 않을 예정이었다. 연구팀이 어떻게든 끼워 넣을 수 있는, 그냥 스쳐 지나가는 언급이라도 할 수 있는 명분을 찾지 못한다면 말이다.

그날 아침, 연구팀은 레베카의 그래프를 코펜하겐에 있는 연구 동료에게 보냈다. 자기 코드로는 노이즈만 잔뜩 나왔던 바로 그 사람이었다. 답신이 왔다. 그렇다. 레베카의 데이터는 확실해 보인다는 답이었다. 이제 작업에 들어갔다. 파워포인트 슬라이드를 만들어야 했고, 발표 중 어디에 끼워 넣을지 정해야 했다. 발표를 맡은 존스홉킨스 대학원생 타이거 위양 샤오Tiger Yu-Yang Hsiao는 뭐라고 말해야 할지, 시간은 얼마나 할애해야 할지 고민했다. 댄을 포함한 다른 팀원 두 명도 각자 발표 준비로 바빴다.

한창 정신없이 돌아가던 중에 댄이 모두를 멈춰 세웠다. 잠깐 숨 좀 돌리자고 했다. 이 순간을 좀 더 넓게 보라고, 연구 인생 전체의 관점에서 보라고 격려했다. 지금 자신들이 일생에 한 번 있을까 말까 한 연구에 참여하고 있다는 걸 기억하라고 했다. 운이 좋다면 두 번 있을지도 모르지만.

사실 댄에게는 이번이 두 번째였다. 첫 번째는 10년쯤 전 토요일 오후였다. 존스홉킨스 박사과정 시절, 댄은 캠퍼스에서 도보 10분 거리 아파트에서 일하고 있었다. 골판지 박스 위에 평평한 판을 올려놓은 게 전부였던 임시로 만든 책상 앞에 서서 말이다. 당시 댄은 먼 은하에서 온 허블 우주망원경 데이터를 분석하는 중이었다. 연구팀이 이 은하를 택한 데는 이유가 있었다. 스피처 우주망원경Spitzer Space Telescope이 높은 적색이동 신호를 포착했기 때문이었다. 정확히 얼마나 높은지 알아야 했다. 우주 공간의 팽창이 그 은하의 빛을 적색 쪽으로 얼마나 잡아늘렸을까? 이 값을 알면 천문학자들은 은하의 나이를 계산할 수 있었다.*

계산 결과 적색이동 값은 10이었다.

그때 댄에게 어떤 생각이 스쳤다. 적색이동 값 10은 자신이 설정한 상한선이었다. 더 높지 않을 거라 가정했을 뿐, 확실하진 않았다. 제한을 풀어보면 어떨까? 허블은 11까지 가니까.**

곧 답이 나왔다. 그 은하의 적색이동은 정말로 10을 넘었다. 11에 근접했지만 완전히 11은 아니었다. 어느 정도의 불확실성은 어쩔 수 없었다. 그 말은? 그 빛이 은하를 떠날 때 우주는 겨우 4~5억 년밖에 안 됐다는 뜻이었다. 그러니까….

* 적색이동으로 빛이 이동한 거리를 계산하는 공식은 복잡하지만, 간단히 설명하면 이렇다. 우주가 팽창하면서 빛의 파장이 늘어나는데, 이 늘어난 정도를 숫자로 나타낸 것이 적색이동 값이다. 값이 클수록 더 멀고 오래된 천체다. 예를 들어 적색이동 0.25는 30억 광년 떨어진 천체를 의미한다. 적색이동 1이면 77억 광년으로, 우주 나이 138억 년의 절반을 훌쩍 넘는 과거를 보는 셈이다. 적색이동 10은 무려 132억 광년 거리에 있어서, 빅뱅 후 겨우 6억 년밖에 안 된 초기 우주의 모습을 보여준다. 쉽게 말해, 적색이동 값이 높을수록 우주의 아기 시절을 보는 것이다.

** [옮긴이 주] 여기서 "허블도 11까지 간다"는 표현은 영화 〈스파이널 탭Spinal Tap〉(1984)의 유명한 장면의 패러디다. 영화에서 기타리스트가 보통 앰프는 최대 볼륨이 10인데 자기 앰프는 11까지 간다며 자랑한다. "왜 10을 더 크게 만들지 않고 11을 만들었냐"는 질문에 "하지만 이건 11까지 가잖아"라고 대답하는 이 장면은 한계를 넘어서려는 무의미한 시도를 풍자한 것으로 유명하다. 저자는 댄이 검색 상한선을 10에서 11로 올린 것을 이 장면에 빗대어 유머러스하게 표현했다.

그러니까 데이터가 맞다면, 댄은 방금 인류가 본 가장 먼 천체를 발견한 셈이었다.

댄이 지도교수에게 결과를 보고하자 예상대로였다. 데이터 다시 확인하고, 모델에 의문 제기하라는 늘 듣던 주의사항이었다. 댄과 연구팀은 확신이 설 때까지 검증에 검증을 거듭했다. 그리고 발표했다. 이 은하는 3년 남짓 가장 오래된 천체의 적색이동 기록을 유지하다가 10.957을 기록한 다른 은하에게 왕좌를 내줬다. 그때쯤 댄은 STScI 정규직으로 일하며 제임스 웹 우주망원경 발사를 기다리고 있었다. 더 뛰어난 기술로 무장한 망원경이었다. STScI에 들어가면서도 댄은 마음 한구석에 그 은하가 남아 있었다. 언젠가 더 좋은 망원경으로 다시 관측하고 싶었다. 마침내 그 꿈을 이뤘다. 그 은하를 다시 관측하기로 한 결정은 댄에게 두 번째 일생일대의 전율을 선사했다.• 그리고 팀원들에게는 첫 번째

• 어쩌면 세 번째일지도 모른다. 2022년 3월, 댄은 가장 먼 단일 별을 발견한 연구팀의 일원이었다. 그 에렌델Earendel이라고 이름 붙인 이 별은 적색이동 6.2, 즉 129억 광년 거리에 있었다. 댄의 연구팀이 참석한 미국천문학회 학술대회 일주일 전, 서식스Sussex 공작 해리 왕자가 회고록 《스페어Spare》를 출간했는데, 거기에 이 별이 언급되어 있다. "수십억 마일 떨어져 있고 아마 이미 사라졌을 에렌델은 우리 은하수보다 빅뱅, 즉 창조의 순간에 더 가까운데도, 너무나 밝고 눈부셔서 여전히 우리 같은 평범한 인간의 눈에도 보인다. 바로 내 어머니 같았다." 댄의 아내가 남편에게 덤덤하게 한마디 했다. "이제 당신도 정말 유명해졌네요."

전율을 안겨줬다. 이 은하는 관측할 때마다 모두에게 놀라움을 주는, 새로운 발견을 안겨주는 보물상자였다.

천문학자들이라면 이 은하 이름에서 뭔가를 눈치챘을 것이다. 댄이 2012년에 발견하고 2022년에 다시 관측한 MACS0647-JD 말이다. 'JD'는 별로 특별한 것은 아니었다. J-밴드 드롭아웃J-band Dropout의 약자로, 허블 우주망원경이 처음 관측할 때 쓴 필터 정렬 방식을 가리키는 기술 용어일 뿐이었다.

하지만 은하 이름의 앞 부분인 MACS0647이 훨씬 더 많은 것을 말해주고 있었다. 이는 우리 기준에서 상대적으로 가까운 우주에 있는 특정 은하단을 가리킨다. 그리고 중력렌즈 효과를 이용해 발견했다는 사실을 알려준다.

아인슈타인의 일반상대성이론에 따르면, 질량을 가진 물체는 우주의 4차원 시공간을 휘어지게 만든다. 질량이 클수록 더 많이 휜다. 앞쪽에 있는 은하가 충분히 무거우면, 우리가 보는 시선에서 은하 뒤에 있는 천체의 빛을 휘어지게 만든다. 빛이 휘어져서 우리 눈에 보이게 되는 것이다. 게다가 빛을 확대시키기도 하고 하나의 광원을 여러 개의 이미지로 만들기도 한다. MACS0647-JD의 경우, 앞쪽 은하는 적색이동 0.591로 50억 광년 넘게 떨어져 있었다. 이 은하가 뒤쪽 은하의 이미지를 세 개로 만들어낸 것이다.

첫 번째 놀라운 결과는 2022년 9월에 찾아왔다. 망원경이 데이터 수집을 시작한 지 겨우 두 달 만이었다. 제임스 웹의 뛰어난 해상도 덕분에 MACS0647-JD가 두 부분으로 이뤄져 있다는 게 밝혀졌다. 단일 은하 안의 두 항성 복합체일 수도 있었지만 아예 두 개의 은하일 가능성도 있었다. 만약 그렇다면 두 은하가 합쳐지는 중일지도 몰랐다. 그럴 경우 MACS0647-JD는 지금까지 발견된 가장 이른 은하 합병이 되는 셈이었다. 빅뱅 후 고작 4억 6,000만 년이 흐른 시점이었다. 게다가 이게 전부가 아니었다. 또 다른 은하가 "바로 옆에" 떠 있는 것처럼 보였다. 그렇다면 이 은하도 MACS0647-JD와 합쳐지고 있을 가능성이 컸다.

이 모든 결과가 타이거 샤오의 발표에 담겨 있었다. 라슨의 스펙트럼을 간신히 끼워 넣은 바로 그 발표였다.

"좀 싱겁네…" 발표가 끝난 뒤 댄은 생각했다. 레베카의 슬라이드에 대한 반응, 아니 무반응에 대해서 말이다. 눈에 띄는 동요도 없었다. 번개같이 짧은 Q&A 시간에 후속 질문도 없었다. 참석자 수는 괜찮았지만, 컨벤션 홀 전체에서 26개의 발표가 동시에 진행되고 있었다는 걸 상기해야 했다. 아마 청중들은 슬라이드를 보고, 예상대로 나타난 필수 요소인 수소와 탄소, 산소, 네온 원소들의 방출선을 확인하고는, 표준우주론 모델이 무너졌다는 증거가 없다고 판단한 뒤 다음 내용으로 넘어갔을 것이다. 게다가 그들에게는 이 슬라이드의 중요성을 이해할 맥락이 없었다. 지금까지 발견된 가장 먼 방출선을 검출했다는 발표를 기대하라는 보도자료도 없었으니까.

그래서 댄은 1인 홍보대사가 되기로 했다. 직접 소문을 퍼뜨리기로 마음먹었다. 학회 내내 다른 우주론 학자들에게 다가가 휴대폰을 내밀며 레베카의 그래프를 보여줬다. 레베카는 댄이 누군가에게 그래프를 보여주는 장면을 보면 움츠러들곤 했다. 자기 기준에 못 미치는 그래프였기 때문이다. "보세요." 댄이 말했다. "은하 스펙트럼에서 지금까지 관측된 가장 먼 거리에서 온 방출선입니다."

"우와!" 이번엔 원하던 반응이 나왔다. 그것도 계속해서.

기록은 오래가지 못했다. 놀랄 일도 아니었다. 댄도 곧 깨질 거라 예상했으니까. 예상 못한 건 따로 있었다. GNz-11 은하의 방출선에 포함된 무언가였다. 그 정체는 바로 질소였다.

이 소식을 들은 댄은 물리학자 이시도르 아이작 라비Isidor Isaac Rabi의 농담이 떠올랐다. 1936년 뮤온이 발견됐을 때 한

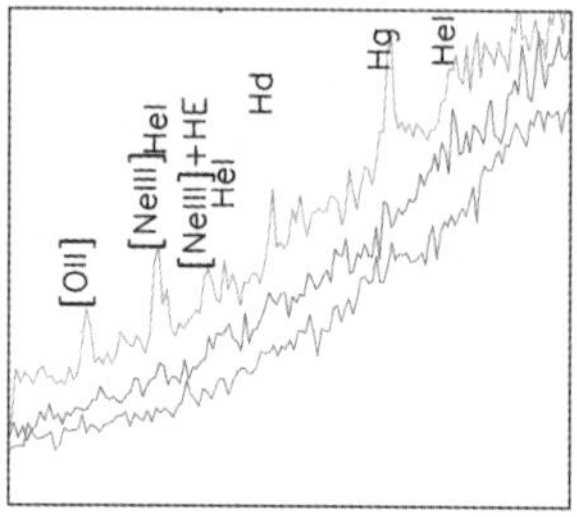

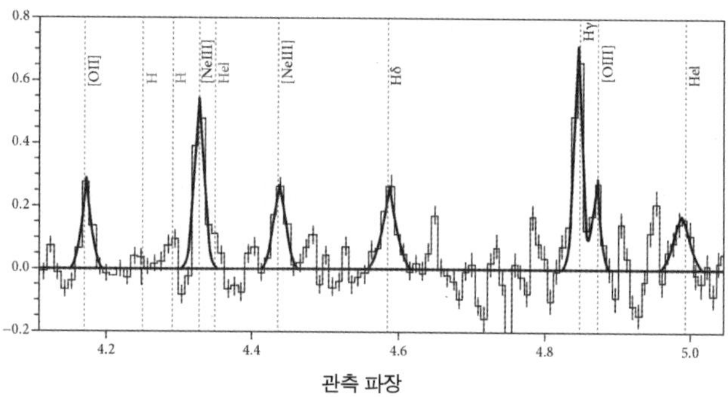

[위] 레베카 라슨이 빅뱅 후 약 4억 6천만 년 시점의 은하에서 검출한 원소들. 스펙트럼에는 먼 은하의 별빛과 우리 태양계의 황도광 먼지가 모두 포함되어 있다.
[아래] 댄의 대학원생 타이거 샤오와 박사후연구원 압두루프Abdurro'uf가 주도한 논문에 실린 최종 버전. 연구팀이 별빛과 황도광 먼지를 제거해 원소 신호를 더 쉽게 분석할 수 있도록 만든 것이다. 두 버전 모두에서 라벨은 전자기 스펙트럼의 다양한 피크에 해당하는 원소와 화합물을 표시한다. OII와 OIII는 이온화된 산소, NeIII는 이온화된 네온, He는 헬륨, H는 수소를 나타낸다.

말이었다. 전자와 같은 성질을 가졌지만 질량은 207배나 큰 입자였다. "대체 누가 이걸 주문했어?"

우주에는 수소, 수소, 온통 수소뿐이다.

정확히는 단일 양성자였다. 무엇인가를 원소라고 부르기 위한 최소 조건 말이다. 빅뱅 직후에는 전자도 존재하고 있었다. 광자가 전자와 계속 부딪치지만 않았다면 양성자와 결합했을 것이다. 그래서 수소 원자는 이온화 상태로 남아있었다. 양성자와 전자의 수가 불균형해서 전하를 띤 상태가 바로 이온화 상태다. 하지만 우주 나이 37만 9,000년쯤 되자 상황이 바뀌었다. 공간이 팽창하면서 더는 전자를 방해할 수 없을 정도로 광자의 에너지가 약해진 것이다. 그 순간, 전자들이 양성자에 달라붙기 시작했다. 불균형이 해소되고 중성이 됐다. 광자들은 시공간을 마음껏 날아다녔다. 지금도 날아다니고 있다. 그때의 흔적을 간직한 채로. 1960년대 벨 연구소 천문학자들이 검출한 우주 마이크로파 배경 Cosmic microwave background 복사가 바로 이 때 만들어진 광자의 흔적이다.

그 후 우주는 우주론자들이 '암흑의 시대'라고 부르는 시기로 접어들었다. 사실 광자는 넘쳐났지만, 비출 것이 없었다. 그래서 계속 어두울 수밖에 없었다. 빅뱅 후 1억 년에서 2억 년정도 지나서야 중성 수소가 뭉쳐 최초의 별과 은하를 만들기 시작했다. 이 과정에서 새로 태어난 별들의 강렬한 빛이 주변 수소를 다시 이온화시켰다. 중성이었던 수소가 다시 전하를 띠게 된 것이다. 그렇게 제임스 웹 우주망원경의 네 번째이자 마지막 목표의 공식 명칭이 다음과 같이 정해졌다. "암흑 시대의 종말, 그리고 최초의 빛과 재이온화."

2021년 12월 25일 제임스 웹 우주망원경이 발사됐을 때, 우주는 다섯 영역으로 나뉘어 있었다. 지구, 태양계, 우리 은하의 별과 외계 행성들, 우리 은하 너머 수천억 개의 은하들. 그리고 마지막으로 1995년 앨런 드레슬러Alan Dessler가 말한 우리의 기원이 바로 그것이다. 수소 원자의 양자 구성요소들이 재배열되면서 최초의 초신성을 터뜨렸고, 그것이 더 무겁고 또 더 무거운 원소들을 만드는 순환이 시작된 바로 그 기원 말이다. 한마디로 제임스 웹 우주망원경은 우주에 대한 우리의 이해를 가장 근본적인 수준에서부터 시험하게 될 터였다.

초기 우주에서 제임스 웹 우주망원경이 관측한 것들 중 상당수는 우주론 학자들이 바라던 그대로였다. 원시 은하

집단이 좋은 예인데, 컴퓨터 시뮬레이션 결과에서 이 원시 은하들이 진화하면 현재의 머리털자리 은하단Coma Cluster과 놀랍도록 비슷해진다는 것을 확인했다. 은하를 최소 1,000개는 품고 있는 바로 그 거대 은하단 말이다. 은하가 어떻게 진화하는지 이해하는 데 꼭 필요한 발견이었다.

하지만 빅뱅 후 겨우 4억 4,000만 년 된 은하에서 질소가 발견된 것은 누구도 예상하지 못한 일이었다. 초신성이 원소를 뿌리기 시작한 지 고작 1억 년, 2억 년, 길어야 3억 년밖에 안 됐는데. 더 중요한 건, 현재의 은하 진화 모델로는 이걸 설명할 수가 없었다.

사실 제임스 웹 우주망원경이 초기 우주에서 발견한 것들 중 상당수가 "누가 이걸 주문했어?" 범주에 속했다. 시작부터 그랬다. 2022년 여름 제임스 웹 우주망원경의 첫 관측 때부터 초기 우주 연구자들은 현재 모델로는 설명이 안 되는 은하들을 보고했다. 너무 크고, 너무 밝고, 너무 어렸다. 블랙홀은 너무 무거웠고 초신성은 너무 많았다. 그래서 이런 질문이 나왔다. "제임스 웹 우주망원경이 우주를 무너뜨린 걸까?"

하지만 대다수 우주론 학자들은 주위를 둘러보며 물었다. "뭐가 무너졌다는 거지?"

제임스 웹 우주망원경은 이전보다 훨씬 진보한 기술이었다. 과학자들이 한 번도 접해보지 못한 수준의 고품질 데이터를 쏟아냈다. 게다가 데이터 자체는 관측 때마다 일관성이 있었다. 문제는 초기 우주 은하 진화를 설명하는 기존 모델과 맞지 않는다는 점이었다. 오리 폭스는 초신성 먼지 분출물 검출 건으로 팀 내 반대파 두 명에게 데이터 품질이 높아지면 모델 품질도 높아져야 한다는 말을 귀가 따갑게 들었다. 실제로 이론 천문학자들은 이상 현상들을 설명할 수 있도록 모델을 수정하기도 했다.

이건 무너지는 것이 아니다. 과학이다.

제임스 웹 우주망원경이 포착한 이상 현상들이 모두 의미 있게 받아들여진 것은 아니었다. 과학적인 방법을 통해 검증을 위한 후속 관측을 통과하지 못한 사례들도 있었다. 극도로 높은 적색이동을 보이는 오래된 은하들이 대표적이다. 처음엔 말도 안 되게 이른 시기에 발달한 것처럼 보였지만, 추가 분광 분석을 통해 그 결과는 오류로 판명됐다.

이상 현상을 다른 방법으로 해석 가능한 경우도 있었다. 지나치게 밝은 은하들이 그런 경우였는데, 별이 너무 많아서가 아니라 중심에 초대질량 블랙홀이 있어서 밝게 보인 것으로 밝혀졌다.

때로는 이상 현상이 기존 이론을 입증하기도 했다. 초대질량 블랙홀이 그랬다. 몇 년 전 예일대 천체물리학자이자 하버드 블랙홀 이니셔티브 멤버인 프리얌바다 나타라얀Priyamvada Natarajan이 가스 덩어리가 모여드는 과정을 통해 블랙홀이 성장한다는 메커니즘을 제안했다. 이 이론은 우주 초기에 어떻게 거대한 블랙홀이 만들어졌는지, 그리고 왜 오늘날 은하마다 블랙홀이 있는지를 한꺼번에 설명할 수 있었다. 문제는 증거였다. 그 예측을 확인하려면 엄청나게 강력한 망원경이 필요했다. 제임스 웹 우주망원경이 바로 그런 망원경이었다.•

그런가 하면 이상 현상이 아예 새로운 이론을 탄생시키기도 했다. GN-z11에서 질소가 비정상적으로 많이 발견된 일이 바로 그 경우였다. 처음엔 태양보다 5만~10만 배 무거운 초거성 하나가 원소를 뿜어냈다고 추측했다. 그런데 2024년에 천문학자들이 흥미로운 발견을 했다. 약 1억 년 간격으로 별이 두 차례 폭발적으로 만들어졌다고 가정한 이론 모델이 관측 결과와 정확히 맞아떨어졌다. 이건 단순한 발견이 아니었다. 우주 초기에 밝은 은하가 많았던 이유를 '폭발적 별

• 이처럼 예측과 증거가 완벽하게 들어맞은 덕분에 나타라얀은 2024년 타임지가 선정한 '가장 영향력 있는 100인'에 이름을 올렸다.

형성bursty star formation'으로 설명하는 이론을 뒷받침했기 때문이다.

그럼에도 우주론자들은 표준우주론 모델이 틀렸을 가능성을 진지하게 고민해야 했다. 예측과 관측이 어긋날 때 어딘가 문제가 있을 가능성을 검토하는 것, 이게 바로 과학적 방법론의 책임 있는 자세다. 표준우주론 모델의 경우, 이런 검토는 단순히 책임감의 문제가 아니었다. 피할 수 없는 일이었다. 애초에 표준우주론 모델 자체가 당시의 상식을 깨뜨린 발견에서 탄생했기 때문이다. 사실 이 모델은 예측과 관측이 계속해서 어긋났던 순간들이 쌓여서 만들어진 결과물이었다.

1970년대에 천문학자들은 나선은하를 관측하던 중 이상한 현상을 발견했다. 은하 원반의 회전 속도가 너무 빨랐다. 당시 이론으로는 말이 안 됐다. 은하 가장자리가 중심부와 똑같은 속도로 회전하고 있었는데, 이건 뉴턴의 법칙을 정면으로 거스르는 것처럼 보였다. 태양계로 치면 머나먼 해왕성이 수성과 같은 속도로 태양을 공전하는 것이나 마찬가지였다. 그때 누군가 획기적인 아니디어를 냈다. 은하가 눈에 보이지 않는 물질, 전자기파로는 아무리 찾아도 보이지 않는 물질의 구름에 싸여 있다면? 그렇게 가정했더니 모든 게 들어맞았다. 그 후 망원경이 발달하면서 우주론자들이 우주 전체를 살펴볼 수 있게 되자 더욱 놀라운 일이 벌어졌다. 이 신비로운 '암흑물질'이 있다고 가정한 이론의 예측이 대규모 우주 구조 관측 결과와 정확히 들어맞았던 것이다.

1990년대에 두 관측팀이 각자 허블 다이어그램을 만들었다. 은하가 거리에 비례해서 멀리 있을수록 더 빨리 멀어진다는 것을 보여주는 그래프였다. 두 팀 모두 똑같은 가정을 했다. 서로를 중력으로 끌어당기는 물질로 가득 차 있는 우주라면, 팽창 속도는 점점 느려질 것이다. 문제는 '얼마나' 느려지느냐였다. 팽창이 언젠가 멈춰 우리 우주가 움직이지 않는 영원한 정적에 휩싸이게 될까? 아니면 결국 팽창이 역전돼, 모든 것이 다시 한 점으로 붕괴하는 '빅 크런치big crunch'로 끝나게 될까?

두 팀은 허블이 그랬던 것처럼 세페이드 변광성Cepheid variables을 '표준 촛불'로 사용했다. 하지만 거기에 만족하지 않고, 특별한 종류의 초신성을 새로운 표준 촛불로 추가해 우주 저편까지 닿는 '거리 사다리distance ladder'를 확장했다. 허블의 원래 다이어그램에서 속도와 거리의 관계는 직선이었다. 그리고 두 팀은 이 직선이 어느 지점부터는 팽창 속도가 점점 느려져서 45도 각도를 벗어나 아래쪽으로 휘어질 거라고 예상했다. 그렇게 휘어지면 멀리 있는 천체들이 실제보다 가까이 있는 것처럼 보여 생각보다 더 밝게 보일 거라고 봤다.

1998년 1월 첫째 주, 두 팀은 마침내 증거를 찾아냈다. 그래프의 선은 정말로 45도에서 벗어나 있었다. 하지만 결과는 예상과 정반대였다. 선은 아래쪽이 아니라 위쪽으로 휘어지고 있었다. 이는 초신성들이 예상보다 더 어둡다는, 다시 말해 더 멀리 있다는 뜻이었다. 결국 우주의 팽창이 느려지는 게 아니라, 오히려 점점 더 빨라지고 있다는 충격적인 결론이었다.

이 결론은 과학 역사상 가장 충격적인 발견들과 어깨를 나란히 할 정도로 놀라운 것이었다. 지구가 평평하지 않다는 사실, 지구가 우주의 중심이 아니라는 사실처럼 말이다. 하지만 놀랍게도 과학계는 이 결과를 놀라울 만큼 순식간에 받아들였다. 이유는 간단했다. 비로소 우주에 대한 계산이 맞아떨어졌기 때문이다.

1970년대 말과 1980년대 초, 이론물리학자들이 양자역학을 통해 놀라운 사실을 발견했다. 우주가 빅뱅 후 10-36초(소수점 뒤에 0이 무려 35개 붙고 마지막에 1이 오는 찰나의 순간)에 '급팽창'을 시작해서 대략 10-33초에 끝났다는 것이다. 그 눈

깜짝할 사이보다도 짧은 시간에 우주는 무려 1,026배나 커졌다. 이 폭발적인 팽창은 공간을 '매끄럽게' 다림질하는 효과를 낳았고, 그 덕분에 오늘날 우리가 우주 어디에서 보든 모든 방향이 대체로 똑같이 보인다. 과학적으로 말하자면, 우주는 '편평'해야만 했다. 그리고 편평한 우주가 되려면, 우주의 실제 질량-에너지 밀도와 붕괴를 막는 데 필요한 임계 밀도의 비율이 정확히 1이 되어야만 했다.

하지만 1998년 이전까지의 관측 결과는 이 계산과 전혀 맞지 않았다. 우주의 밀도는 임계 밀도에 한참 못 미쳤다. 기껏해야 3분의 1 수준에 불과했다. 하지만 여기에 모든 조각을 맞춰보니 놀라운 그림이 완성됐다. 우리가 볼 수 있는 물질, 보이지 않는 암흑물질, 그리고 이번에 새로 발견된 '암흑 에너지'까지 모두 더하자, 마침내 우주의 총 질량-에너지 밀도가 붕괴를 막는 데 필요한 임계 밀도와 정확히 같아졌던 것이다.

이렇게 아인슈타인의 람다(Λ)는 화려하게 부활했고, 그 귀환과 함께 우주론의 표준 모형은 마침내 완성됐다.

하지만 동시에, 이 표준 모형은 의문투성이였다.

암흑물질이란 무엇인가?

암흑 에너지는 또 무엇인가?

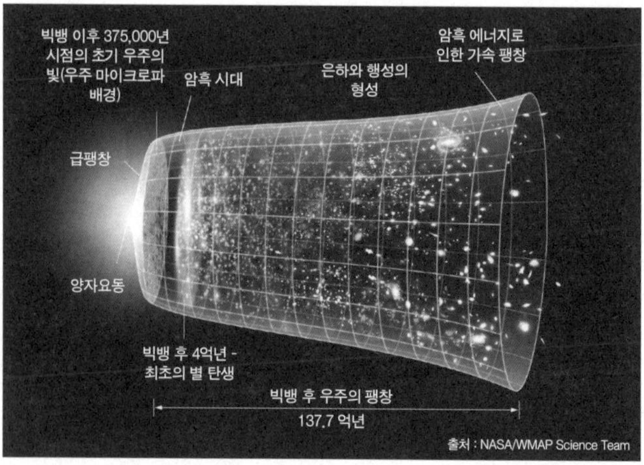

표준 모형 : 우주론 학자들은 우주의 역사를 공간 속으로의 팽창이 아니라 공간 자체의 팽창으로 생각하며, 나아가 이 공간의 팽창을 우리가 '시간'이라고 부르는 것과 동일시한다. 현재의 해석에 따르면, 우주는 양자 요동에서 비롯됐다. 그 요동은 '급팽창' 상태로 이어져, 우주 탄생 후 찰나의 순간에 우주의 크기를 무려 1,026배나 키웠다. 약 37만 9,000년이 지나 우주가 충분히 식으면서 물질과 빛은 마침내 분리돼 각자의 길을 가게 됐고, 이때 우주에는 '우주 마이크로파 배경'이라는 지울 수 없는 흔적이 새겨졌다. 그 후 우주는 과학자들이 말하는 '암흑 시대'로 접어들었다. 제임스 웹 우주망원경의 궁극적인 목표는 바로 그 다음을 관측하는 것이다. 빛을 내는 속성을 가진 최초의 천체들, 다시 말해 반짝이기 시작한 최초의 별과 은하들 말이다. 그 이후에야 암흑물질은 중력으로, 암흑 에너지는 '반중력'으로 우주의 성장에 영향을 미쳤는데, 그 영향은 우주 전체 구조라는 거시적인 차원에서부터 바로 당신과 나라는 내밀한 차원에까지 미치고 있다.

특히 암흑 에너지가 우주 팽창을 얼마나 가속시키는지에 대한 의문은 심각했다. 우주론 학자들은 시간이 흐르면서 팽창이 가속되고 있다는 것에는 동의했지만, '바로 지금'의 팽창 속도에 관해서는 의견이 갈렸다. 두 가지 다른 측정 방법이 계속해서 오차 범위를 벗어나는 다른 답을 내놓았기 때문이다. 일부 우주론 학자들이 '위기'라고 부르는 이 문제를 해결하기 위해 제임스 웹 우주망원경이 나섰다. 더 먼 '거리 사다리'를 이용해 이 불일치를 파고들기는 했지만, 초기 관측 결과는 아직 이 수수께끼를 해결할 수 없었다.

애초에 우주는 왜 이렇게 딱 들어맞는 걸까? 우주의 총 질량-에너지 밀도를 구성하는 암흑물질, 암흑 에너지, 그리고 보통 물질의 값 중 어느 하나라도 아주 조금만 달라졌더라면, 빅뱅과 함께 시작된 양자적 특성들은 아메바나 은하는커녕 우리 같은 생명체는 꿈도 못 꿨을 우주를 만들었을 것이다. 값에 따라 우주는 순식간에 다시 붕괴해버리거나, 기하급수적으로 부풀어 올라 텅 비어버렸을 테니까.

하지만 믿기지 않을 만큼 맞아떨어지는 바로 그 값들이, 역설적으로 우주론 학자들이 표준 모형이 옳다고 확신하는 이유였다. 모형을 뒷받침하는 증거는, 말 그대로 우주 어디에나 널려 있었다.

우주의 구성 성분을 계산하는 한 가지 방법은 '우주 마이크로파 배경'을 연구하는 것이다. 우주 마이크로파 배경란 우주 나이가 고작 37.9만 살이었을 때 온 하늘에 남겨진 태초의 빛, 즉 고대 유물과 같은 복사선이다. 과학자들은 먼저 이 태초의 빛으로 찍은 우주의 사진을 수백만 개의 가상 우주 시뮬레이션 결과와 비교한다. 이 가상 우주들은 보통 물질, 암흑물질, 암흑 에너지의 비율이 제각각 다르다. 예를 들어 암흑 에너지가 100%인 우주나 보통 물질이 100%인 우주, 그리고 그 사이의 무수한 조합을 가진 우주들은 모두 저마다 고유한 패턴을 만들어내기 때문이다.

2001년에 발사돼 2003년부터 2012년까지 데이터를 보내온 윌킨슨 마이크로파 비등방성 탐사선Wilkinson Microwave Anisotropy Probe, WMAP이 바로 우주마이크로파 배경 조사를 수행했다. 그 뒤를 이은 플랑크Planck 위성은 훨씬 더 정밀한 관측을 수행했다. 플랑크는 2009년부터 우주 마이크로파 배경을 관측해 2018년 최종 결과를 발표했고, WMAP의 발견을 다시 한번 확인해줬다. 그 내용은 이랬다. 우주는 우리 같은 보통 물질 4.9%, 암흑물질 26.6%, 그리고 암흑 에너지 68.5%로 이루어져 있다.

그래서 제임스 웹 우주망원경의 우주론 학자들이 학회에

모일 때면, 표준 모형에 대한 확신을 표현했다. 하지만 표준 모형이라는 큰 틀 안의 세부 모델들은 수정이 필요할지도 모른다고 덧붙였다.

어쩌면 근본적인 가정 자체가 틀렸을지도 모른다. 예를 들어, 초기 은하의 밝기와 질량 사이의 관계에 대한 가정이 틀렸을 수 있다. 에드윈 허블이 성운의 거리와 속도를 나타내는 그래프를 그렸을 때, 그는 외부 은하의 광도가 곧 거리와 비례한다고 가정하는 실수를 저질렀다. 물론 결과적으로, 광도와 거리의 상관관계는 전체적으로는 충분히 잘 들어맞았지만 말이다. 어쩌면 초기 우주 은하의 질량과 밝기 사이의 상관관계에 대한 지금의 가정도, 허블의 경우처럼 정확하지 않을지도 모른다.

아니면, 이론가들이 생각했던 초기 조건 자체가 어쩌면 달랐을 수도 있다. 예를 들어 모든 은하 관측 결과를 해석할 때마다 등장하는 거대한 변수인 먼지가 그렇다. 만약 초신성이 이론 천문학자들의 생각보다 훨씬 더 많은 양의 먼지를 뿜어낸다면 어떨까? 그 차이만으로도 은하 구조가 왜 더 일찍 형성됐는지를 설명할 수 있을 것이다.

또, 초기 우주의 암흑물질 분포가 달랐을 가능성도 있다. 제임스 웹 우주망원경의 여러 관측 결과에 따르면, 빅뱅 후

10억 년이 지나 은하의 진화가 본궤도에 오른 뒤에는 암흑물질에 대한 기존 값과 컴퓨터 시뮬레이션이 잘 들어맞았다. 하지만 은하 진화의 가장 초기 단계에서는 암흑물질 분포의 아주 작은 차이만으로도 엄청난 중력 효과를 낳을 수 있다. 그 효과는 가스와 먼지가 붕괴해 별, 초신성, 은하, 블랙홀을 만드는 과정 전체에 영향을 줄 수도 있다.

어쩌면 시간에 따라 암흑 에너지의 영향력이 변하는 것일지도 모른다. 우주론 학자들이 암흑 에너지가 어떻게 작동하는지는커녕 그 정체조차 모르고 있다는 점을 생각하면, 충분히 합리적인 추측일 수도 있다.

아니, 어쩌면 우주에 존재하는 입자들의 정체 자체가 잘못된 것은 아닐까? 제임스 웹 우주망원경 프로젝트에 참여한 대부분의 과학자들은 관측과 이론이 어긋났던 또 다른 사건을 기억할 만큼 나이가 많았다. 바로 '태양 중성미자 문제'라고 하는, 태양에서 방출되는 기본 입자인 중성미자의 양을 두고 수십 년간 이어진 논쟁이다. 이론 천문학자들은 한 가지 값을 예측했지만, 중성미자 검출기는 다른 값을 내놓았다. 이론물리학자들은 관측 과정에 오류가 있었으리라 의심했고, 관측천문학자들은 이론이 불완전하다고 반박했다. 결국 이론물리학자들이 입자물리학의 표준 모형을 수정해 중성미자가 질량을 가질 수 있도록 하면서 논쟁은 끝이 났다.

지금 입자물리학 표준 모형에 이와 비슷한 수정이 가해진다면 어떨까? 예를 들어, 초기 우주에 새로운 종류의 중성미자가 존재했다고 가정한다면? 그것만으로도 질량과 에너지의 분포가 미세하게 바뀌어, 제임스 웹 우주망원경의 이례적인 관측 결과들을 충분히 설명할 수 있을지도 모른다.

어쩌면 지난 한 세기 동안 줄곧 그랬듯이 여기에도 똑같은 답이 필요할지도 모른다. "새로운 물리학이 필요하다." 1915년 아인슈타인이 일반 상대성 이론을 발표한 지 불과 10년 만에, 양자역학이 등장하며 그 완전성에 의문을 제기했다. 일반 상대성 이론의 법칙이 지배하는 거대한 우주는, 양자역학의 법칙이 지배하는 아주 작은 우주와 수학적으로 양립할 수 없음이 증명되었던 것이다.

하지만 만약 제임스 웹 우주망원경이 정말로 우주론의 표준 모형을 무너뜨린다면? 그게 그렇게 나쁜 일일까? 새로운 모델이 탄생하는 순간에 함께하고 싶지 않은 천문학자가 어디 있겠는가? 갈릴레오의 시대, 윌리엄 허셜의 시대, 혹은 에드윈 허블의 시대를 살아보고 싶지 않은 사람이 어디 있겠는가?

설령 기존의 우주 표준 모형을 뒤엎는 거대한 혁명을 이루지 못한다고 해도, 제임스 웹 우주망원경의 과학자들은 상관이 없었다. '제임스 웹 우주망원경'이라는 전례 없는 망원경과 함께 탐험하는 시대, 바로 그 '제임스 웹의 시대'를 살아간다는 사실 자체가 일생일대의 행운이기 때문이다.

에필로그

1972년에는 1990년에 발사된 허블 우주망원경이 있었다.
1982년에는 1999년에 발사된 찬드라 우주망원경이 있었다.
1991년에는 2003년에 발사된 스피처 우주망원경이 있었다.
2001년에는 2021년에 발사된 제임스 웹 우주망원경이 있었다.
2010년에는 2027년에 발사될지도 모르는 로먼Roman 우주망원경이 있었다.

그리고 2021년 11월 4일, 이제는 거주 가능 행성 관측선Habitable Worlds Observatory이 있다. 일단은 이런 이름이긴 하지만, 어쨌든 당분간은 그 이름으로 불릴 것이다. 발사는 아마도 2040년대 초가 될 것이다.

장소는 다시 우주망원경 과학연구소의 강당이었다. 때는

2023년 봄 심포지엄, 'JWST 시대의 행성계와 생명의 기원 Planetary Systems and the Origins of Life in the Era of JWST'이었다. 연사는 NASA 천체물리학 본부장인 마크 클램핀Mark Clampin이었다. 그는 자신이 강연의 첫머리를 《천문학 및 천체물리학 10개년 계획 보고서》 표지 슬라이드로 시작한 데에는 이유가 있다고 설명했다. 사람들에게 무언가를 상기시켜주고 싶었던 것이다.

물론 제임스 웹 우주망원경이 수행하는 과학은 훌륭했다. 특히 이번 심포지엄의 주제인 외계 행성 분야에서는 더욱 그러했다. 클램핀은 외계 행성 WASP-39b의 대기 스펙트럼을 보여주었다. 인류 최초로 외계 행성 대기의 분자 및 화학적 구성을 분석한 자료였다. 그래프는 그야말로 경이로움 그 자체였다. 0.5 마이크론에서 5.5 마이크론 파장에 걸쳐 나타난 봉우리와 골짜기들은 물, 나트륨, 일산화탄소, 이산화탄소, 이산화황의 존재를 한눈에 보여주었다.

이어서 그는 원시행성계의 사진을 한 장 보여주었다. 사진에는 헤일로, 바깥 고리, 바깥 간극, 중간 벨트, 안쪽 간극, 안쪽 원반과 같은 구성 요소들이 한눈에 들어오도록 표시되어 있었다. 그는 청중 속에 앉아 있는 한 과학자를 지목했다. 몇 년 전, 천문학자들이 제임스 웹 우주망원경으로 원시행성계 원반에서 무엇을 발견하게 될지 예측하는 모델을 만들었던 바로 그 과학자였다. "당신의 모델이 우리가 여기서 보고 있는 것과 얼마나 비슷한지 직접 보면서도 믿기지 않습니다." 예측과 관측의 완벽한 일치. 이는 이론 천문학자와 망원경 모두에게 바치는 찬사였다.

"그렇습니다. 우리 모두 제임스 웹 우주망원경의 성공을 축하해야 합니다." 클램핀은 말했다. 하지만 그는 이제 '거주 가능 행성 관측 관측선'으로도 눈을 돌리기 시작해야 한다고 덧붙였다. 비록 그 발사가 적어도 20년은 더 남았지만 말이다.

"이건 긴 여정이 될 겁니다." 클램핀이 말했다. "우리는 제임스 웹 우주망원경 때와 똑같은 출발선으로 돌아왔습니다. 정말로 맨땅에서 다시 시작하는 것이죠." 하지만 그는 그 시작이 바로 지금, 여기에서 이루어지고 있다고 강조했다. 바로 오늘 오후, 바로 이 강당에서 말이다.

"바로 여기 계신 여러분, 미래의 외계 행성 과학자들이 바로 그 일을 해낼 겁니다."

한편, 이제 서서히 이전 세대가 되어가고 있는 '제임스 웹 세대' 천문학자들은 4개월 후 '제임스 웹 우주망원경 과학 1주년' 학회에 다시 모였다. 그들 중에는 마이크 멘젤도 있었다. 어느 점심시간, 그는 카페테리아 밖 작은 야외 정원에 앉아 있다가 몇 년 만에 오랜 동료인 로지어 빈트호르스트Rogier Windhorst와 마주쳤다. 빈트호르스트는 애리조나 주립대학교의 초기 우주 전문가였고, 하이디 해멀처럼 제임스 웹 우주망원경의 창립을 함께한 6명의 융합 주제 과학자 중 한 명이었다. 그와 멘젤은 처음부터 함께였다. 적어도 2001년 《10개년 계획 보고서》 이후부터는 말이다.

빈트호르스트는 멘젤을 '제임스 웹의 다빈치'라고 칭송했다. 누구도 감히 바라지 못했던 시간 이상으로 망원경을 작동시킬 수 있도록 효율성을 확보하고 여유분을 비축해둔 엔지니어라는 뜻이었다. 제임스 웹 우주망원경 관계자들이 승리의 찬가처럼 공개적으로 외치던 20년보다도 더 길게 말이다. 어쩌면 23년이 될 수도 있다. 그는 목소리를 낮춰 속삭였다. "아니, 어쩌면… 그보다 더 길 수도 있어."

빈트호르스트는 그때까지 자신들이 살아있을지 궁금해졌다. 그와 멘젤은 둘 다 60대 중반이었다. 문득 빈트호르스트의 얼굴이 환해졌다. 어쩌면 멘젤이 '거주 가능 행성 관측선' 팀에 합류할 수도 있지 않을까? 멘젤도 다음 세대의 일원이 되고 싶지 않을까?

그 말을 남기고 빈트호르스트는 안으로 들어갔다. 선선한 가을 바람속에 그의 질문이 맴돌았다. 구내식당 테라스와 스토니 런Stony Run으로 이어지는 둑길을 뒤덮은 나무들은 서서히 물들기 시작하고 있었다. 멘젤이 점심을 마치자 빈트호르스트가 다시 나타났다.

"보여줄 게 있는데, 같이 가실 수 있을까요?" 그가 멘젤에게 말했다. "물론이죠."

멘젤은 빈트호르스트를 따라 구내식당을 지나고 강당 입구를 거쳐 연구소 로비를 가로질러 한 회의실로 들어갔다. 가는 길에 마크 포스트먼Marc Postman이 합류했다. 그는 2011년 댄이 역사상 가장 먼 은하를 발견했다고 했을 때 신중하게 접근하라고 조언했던 바로 그 사람이었다. 회의실 테이블 위에는 포스터 크기로 인화된 제임스 웹 우주망원경의 사진들이 펼쳐져 있었다. 그중 하나는 '제임스 웹 딥 필드'였다. 멘젤의 아내가 허블 딥 필드와 비슷하다고 말했던 바로 그 사진이었다. 만약 그녀가 처음부터 이 정도 크기로 확대된 사진을 봤더라면, 절대 그런 말을 하지 않았을 것이다.

곧이어 연구소의 늘 보는 얼굴들인 박사후 연구원과 홍보담당자도 자리에 함께했다. 이윽고 그들은 천장이 낮은 작은 방에 모여들었다. 리카르도 지아코니가 가스 일링워스에게 '바로 지금, 여기서' 허블의 후계자를 생각해보라고 처음 말했던 곳에서 두 층 아래, 믿기지 않을 만큼 여전히 활발하게 돌아가고 있는 허블 우주망원경 관제 센터 바로 위층이자, 제임스 웹 우주망원경의 임무 운영 센터 바로 아래층이었다. 그들은 모두 제임스 웹 딥필드 사진 위로 몸을 숙였다. 가까이 있는 무거운 은하들이 중력렌즈 역할을 해서 저 멀리 우주 초기의 어린 은하들을 왜곡시켜 보여주는, 그 특유의 호 모양 빛 줄기들을 손가락으로 짚어가며 보고 있었다.

그 순간, 멘젤은 신성모독과도 같은 말을 내뱉었다.

거주 가능 행성 관측선, 물론 좋은 프로젝트였다. 외계 행성과 생명의 징후를 찾는다는 과학적 명분도 충분히 이해할 수 있었다. 그 자신도 과학자였으니까.

하지만

바로 그때, 그 자리에서 마이크 멘젤이 솔직한 심정을 털어놓았다. 예전에 댄 골딘이 "더 빠르게, 더 좋게, 더 싸게"라는 구호로 현실적인 목표만 추구하려 했던 것과는 정반대였다. 멘젤은 거주가능세계 관측소가 단순히 생명체가 살 수 있는 행성만 찾는 게 아니라, 그 이상의 일을 했으면 좋겠다고 말했다.

그는 다음 세대의 우주망원경이 우주의 기원을 향해 더 깊이 파고들기를 원한다고 했다.

더 넓은 우주를.

더 오래된 시간을.

더 많은 답을.

그가 원하는 것은 이것이었다.

거주 가능 행성 관측선은 외계 행성에 대한 해답을 줄 것이다. 하지만 만약 멘젤의 뜻대로 된다면, 초기 우주에 대한 해답 또한 가져다줄 것이다. 그리고 만약 앞으로 몇 년간 다른 천문학자들의 뜻이 모인다면, 그 망원경은 아마도 아직 아무도 던져보지 못했던 질문들에 대한 해답까지도 가져다줄지 모른다.

역사가 증명해주었듯이, 거주 가능 행성 관측선은 거의 확실하게 그 해답들을 가져다줄 것이다. 물론 구체적인 해답 자체는 역사를 거치며 계속해서 변해왔다. 세대가 바뀌고 세기가 바뀔 때마다 말이다. 한때 그 답은 우리 형제 행성 주위를 도는 더 많은 위성이었다. 그다음에는 우리 태양 주위를 도는 더 많은 행성이었다. 그다음에는 우리 은하에 있는 더 많은 별들이었다. 그리고 마침내, 우리가 볼 수 있는 한 가장 멀리 있는 더 많은 은하가 답이었다.

하지만 질문은 단 한 번도 변하지 않았다.

언제나 똑같았다.

그 질문은 바로 이것이었다.

"다음은 무엇인가?"

감사의 말

먼저 이 책에 영감을 준 혜안을 가진 브루스 니콜스 에게 깊은 감사를 전한다. 마찬가지로 너무나 탁월한 능력을 가진 편집자 알렉산더 리틀필드에게도 깊이 감사의 말씀을 드린다. 특히 이 책이 '공포의 6개월'을 무사히 통과하도록 이끌어준 점에 감사드린다(이 말이 무슨 뜻인지는 책을 읽어보면 알 수 있다). 오랜 지혜를 지닌 새로운 동료, 에이전트 데이비드 그레인저에게도 거듭 감사하다. 카티아 라이스는 왜 '교정 명예의 전당'에 오르지 못했을까? 그녀를 위해서라도 교정 명예의 전당을 만들고 싶을 정도다. 조언과 통찰을 나눠준 리 빌링스, 론 카웬, 클라라 모스코위츠, 니콜라스 선체프, 크리스토퍼 완젝에게 특별한 감사를 전한다. 리틀, 브라운 출판사 팀에게도 감사한다: 린다 아렌즈, 케이 배닝, 에린 케인,

브라이언 크리스천, 앨런 팰로우, 데보라 제이콥스, 팻 절버트러빈, 그레그 쿨릭, 가브리엘 러포라티, 로라 마멀록, 모건 우. 연구를 지원해준 고더드 칼리지의 교수 개발 기금에도 감사를 표한다. 그리고 당연하게도, 이 책을 위해 인터뷰에 응해주신 모든 분께 큰 감사를 드린다. 그분들의 이름은 다음 '남은 기록들' 섹션에 기재되어 있다. 이 기록에 이름이 실리지 않은 수백 명의 제임스 웹 우주망원경 과학자들과 전문가들에게도 감사를 전한다. 학회에서의 강연, 학술지에 실린 논문, 복도나 구내식당에서 무심코 나눈 대화들 모두 헤아릴 수 없이 소중했다.

옮긴이 후기

제임스 웹 우주망원경과의 운명적 만남

2010년 1월, 나는 워싱턴 D.C.에 있었다. 미국천문학회 AAS 215차 회의에 참석하기 위해서였다. 당시까지 역대 최대 규모의 천문학 학회로 기록될 만큼, 전 세계에서 수천 명의 천문학자들이 모여들었다. 박사과정 학생이었던 내게 그 학회는 거대한 바다 같았다. 수십 개의 세션, 수천 편의 포스터, 끝없이 이어지는 발표들.

하지만 그 모든 것을 압도하는 경험이 나를 기다리고 있었다. 학회 일정 중 하나로 NASA 고다드 우주비행센터를 방문할 기회가 주어졌다. 버스에서 내려 클린룸으로 향하는 복도를 걸을 때만 해도, 나는 내가 무엇을 보게 될지 정확히 알지 못했다. 제임스 웹 우주망원경(이하 제임스 웹)이라는 이름은 들어본 적이 있었지만, 그것이 어떤 의미를 가지는지 온전히 이해하고 있지는 못했다. 허블의 후계자라는 정도의 막연한 인식만 있었을 뿐이다.

클린룸의 유리창 너머로 처음 그것을 보았을 때, 나는 말을 잃었다. 아직 완성되지 않은 상태였지만, 그 규모만으로도 압도적이었다. 아직 망원경 위에 설치되지는 않았지만, 황금빛으로 빛나는 육각형 거울 조각들이 벌집처럼 만들어지고 있었고, 흰 방진복을 입은 엔지니어들이 그 주위를 개미처럼 오가고 있었다. 저것이 정말로 우주로 날아간단 말인가? 저 거대한 구조물이 로켓에 실려 지구를 떠난다는 것인가? 믿기 어려울 정도의 스케일이었다.

그날, 2006년 노벨 물리학상 수상자인 존 매더John C. Mather에게서 직접 이야기를 들을 수 있는 행운도 찾아왔다. 그는 우주배경복사의 흑체 스펙트럼을 정밀 측정해 빅뱅 이론을 확증한 과학자였고, 당시 제임스 웹 프로젝트의 수석 과학자이기도 했다. 그의 설명은 명료하면서도 시적이었다. 적외선으로 우주를 본다는 것의 의미, 허블이 결코 볼 수 없었던 영역을 열어젖힐 가능성, 그리고 최초의 별빛을 포착하겠다는 야심 찬 목표. 당시 발사 예정일은 2014년이었다. 불과 4년 후면 이 망원경이 우주에서 눈을 뜰 것이라고 그는 말했다.

클린룸을 나서며 나는 이상한 감정에 사로잡혔다. 설렘이었다. 적외선에 특화된 이 망원경이 우주를 관측하기 시작하면, 우리는 얼마나 멀리 볼 수 있을까? 빅뱅 직후의 암흑시대, 최초의 별들이 태어나던 순간, 130억 년 전의 우주. 그것들이 정말로 우리 눈앞에 펼쳐질 수 있을까? 그 궁금증은 그날 이후 나를 떠나지 않았다. 아니, 나를 사로잡았다고 하는 편이 정확할 것이다.

하지만 동시에 안타까운 마음도 있었다. 이 놀라운 망원경을 아는 사람이 너무 적다는 사실이었다. 천문학자들 사이에서 제임스 웹은 '게임 체인저'로 불렸다. 허블이 천문학의 지평을 넓혔듯이, 제임스 웹은 그 지평을 완전히 새로운 차원으로 확장할 것이라는 기대가 팽배했다. 하지만 일반 대중에게 이 망원경은 여전히 낯선 이름이었다. 허블은 누구나 알았지만, 제임스 웹은 전문가들만의 비밀처럼 느껴졌다.

나는 그때 생각했다. 언젠가 기회가 된다면, 이 망원경이 왜 특별한지 사람들에게 제대로 알리고 싶다고. 천문학자들만이 공유하던 그 설렘을, 이 망원경이 인류에게 왜 중요한지를, 누군가는 전해야 한다고. 과학의 언어를 일상의 언어로 바꾸는 일. 전문가의 흥분을 대중의 감동으로 연결하는 일. 그것이 내가 해야 할 일이라는 막연한 예감이 들었다.

그로부터 10년이 넘는 시간이 흘렀다. 발사 예정일은 2014년에서 2018년으로, 다시 2021년으로 계속 미뤄졌다. 예산 초과와 기술적 난관, 정치적 위기가 끊임없이 프로젝트를 위협했다. 때로는 "정말 발사될 수 있을까" 의심이 들기도 했다. 하지만 포기하지 않았다. 나도, 수천 명의 과학자와 엔지니어들도.

그 사이 나는 한국으로 돌아와 〈안될과학〉이라는 유튜브 채널에 합류하게 됐다. 과학을 쉽고 재미있게 전달하고 싶다는 오랜 꿈을 실현하는 공간이었다. 그리고 마침내, 고다드에서 품었던 그 오랜 바람을 실현할 기회가 찾아왔다. 2021년 12월 25일 제임스 웹 발사, 그리고 2022년 7월 첫 이미지 공개. 나는 이 역사적 순간들을 생중계하며 수만 명의 시청자들과 함께 숨을 죽이고 지켜보았다.

15년 전 클린룸 유리창 너머로 보았던 그 황금빛 거울이, 마침내 150만 킬로미터 떨어진 우주에서 눈을 떴다. 그것 자체로도 감격스러운 일이었지만, 15년 전 막연하게 다짐했듯이 많은 사람들과 그 감격과 감동을 공유할 수 있어서 더욱 뜻깊었다.

천문학의 본질, 그리고 제임스 웹 우주망원경의 시작

이 책 《우주를 깨우다》를 번역하는 일은 지금껏 내가 〈안될과학〉을 통해 해왔던 일의 연장선상에 있다. 제임스 웹에, 더 나아가 천문학에 담긴 메시지를 전하기에 너무나 좋은 책이기 때문이다.

이 책은 에드윈 허블이 1936년에 쓴 문장으로 시작한다.

"천문학의 역사는 후퇴하는 지평선의 역사다."

이 한 문장은 현대 천문학의 본질을 정확하게 포착한다. 우리가 더 멀리 볼수록, 더 많은 미지의 영역이 드러난다. 우리가 하나의 수수께끼를 풀 때마다, 열 개의 새로운 질문이 생겨난다. 이것이 바로 과학의 아름다움이자 천문학의 숙명이다. 갈릴레오가 목성의 위성을 발견했을 때, 그것은 단순히 네 개의 천체를 더 아는 것이 아니라 우주의 구조에 대한 완전히 새로운 이해의 시작이었다. 허블이 안드로메다 '성운'이 사실은 독립된 은하임을 밝혔을 때, 우주의 크기는 순식간에 백만 배로 커졌다.

1990년 4월 24일, 허블 우주망원경이 발사되었을 때 전 세계는 환호했다. 백만 배로 커진 우주를 이제 우리 눈으로 확인할 수 있을 거라는 기대감으로 충만했다. 하지만 불과 몇 주 후, 충격적인 사실이 밝혀졌다. 24억 달러를 들여 만든 인류의 새로운 눈이 근시였던 것이다. 주경의 곡률이 머리카락 두께의 몇십 분의 1에 불과한, 약 2마이크로미터 잘못 깎여 있었다.

이 절망적 상황에서 놀라운 해결책이 나왔고, 실제로 성공했다. 1993년, NASA는 우주왕복선을 보내 허블에 '안경'을 씌우는 데 성공했다. COSTAR라 불린 이 교정 장치는 과학사에서 가장 극적이면서도 성공적인 심폐소생 작전 중 하나였다. 그리고 교정된 허블이 보내온 이미지들은 천문학을 완전히 바꾸어 놓았다. M16 독수리 성운의 '창조의 기둥', 수천 개의 은하가 보이는 허블 딥 필드, 우주의 가속 팽창을 증명한 초신성 관측까지. 허블은 실패를 딛고 전설이 되었고, 그 전설의 이야기는 아직도 이어지고 있다.

제임스 웹은 바로 그 허블의 뒤를 잇는 차세대 망원경이다. 그 시작점에는 리카르도 지아코니라는 인물이 자리하고 있다. 엑스선 천문학의 개척자로 2002년 노벨물리학상을 받은 그는, 1993년 우주망원경과학연구소 소장으로 부임하자마자 충격적인 질문을 던졌다. "다음 망원경은 무엇이어야 하는가?" 모두가 허블의 극적인 성공에 안도의 한숨을 쉬고 있을 때, 그는 이미 30년 후를 내다보고 있었다.

지아코니의 비전은 단순했지만 혁명적이었다. 허블보다

더 큰 거울, 더 먼 우주, 더 오래된 과거. 특히 그는 적외선의 중요성을 강조했다. 왜 적외선이었을까? 우주는 팽창하고 있고, 멀리 있는 천체일수록 빠르게 우리에게서 멀어진다. 도플러 효과에 의해 천체의 빛은 적색이동을 일으켜 적외선 영역으로 이동한다. 따라서 가장 먼, 가장 오래된 우주를 보려면 반드시 적외선 망원경이 필요했다.

1995년 12월, NASA 본부에서 앨런 드레슬러가 NASA 국장 댄 골딘의 사무실 책상 위에서 한 즉석 프레젠테이션을 한다. 파워포인트도 없이, 그저 종이와 펜만으로 한 프레젠테이션이지만, 이 장면은 이 책의 가장 감동적인 장면이자, 가장 중요한 장면이기도 하다. 이 자리에서 차세대 우주망원경이 답해야 할 네 가지 근본적 질문이 제시되는데, 이것이 제임스 웹이 관측한 것들의 의미와 가치를 다루는 2부의 뼈대를 이룬다.

첫째는 암흑시대의 끝을 찾겠다는 목표였다. 바로 최초의 빛과 재이온화 과정을 들여다보겠다는 것이었다. 빅뱅 후 약 38만 년이 지나 우주는 처음으로 투명해졌다. 하지만 그 후 수억 년 동안 우주는 암흑에 잠겨 있었다. 첫 번째 별이 탄생하기 전까지. 그 첫 별들이 언제, 어떻게 탄생했는지는 현대 천문학의 가장 큰 수수께끼 중 하나다.

둘째는 은하의 형성과 진화다. 오늘날 우리가 보는 웅장한 나선은하와 타원은하들이 어떻게 만들어졌는지, 작은 은하들이 합쳐져서 큰 은하가 되었는지, 아니면 거대한 가스 구름이 붕괴해 은하가 되었는지를 밝히는 일은 천문학자들의 오랜 숙제였다.

셋째로 별과 행성계의 탄생에 대한 비밀이다. 거대한 분자구름이 어떻게 수축하여 별이 되는지, 그 과정에서 행성들은 어떻게 형성되는지는 우리가 살고 있는 태양계와 직결된 근본적인 질문이다. 우리 태양계는 이 우주에서 과연 특별한 경우인지, 아니면 흔한 사례인지 알고 싶은 것이다.

마지막으로 네번째, 바로 생명의 기원이다. 누구나 궁금해하고, 인류가 우주를 바라보며 품어왔던 가장 근본적인 호기심이다. 외계행성의 대기를 분석해 생명의 흔적을 찾을 수 있을까? 물, 산소, 메탄 같은 생체 신호를 검출할 수 있는지의 여부와 그 생체 신호를 검출할 수 있을까? 그 신호는 지구의 생명체가 남기는 흔적과 어떻게 같고 다른가? 이런 질문들에 답하는 일은 매우 중요한 과제다.

드레슬러는 이 네 가지 질문을 하나의 서사로 엮어, 빅뱅에서 시작해 생명의 출현에 이르는 우주의 대서사시를 펼쳐낸다. 제임스 웹 우주망원경은 이 모든 장면을 목격할 수 있는 타임머신이 될 것이며, 138억 년 우주 역사를 한 망원경으로 관통할 수 있다며 제임스 웹 우주망원경의 필요성을 역설했다. 그것에 설득되지 않을 수가 있을까?

인류의 힘을 모아 이뤄낸 기적과 같은 탄생

앞에서 말했듯이 이 책의 2부는 제임스 웹이 관측한 것들이 과학계에 어떤 영향을 미쳤고, 그것이 어떤 의미와 질문들을 남겼는지 다루고 있다. 앨런 드레슬러가 프레젠테이션에서 제시했던 네 가지 질문에 제임스 웹이 어떻게 답했는지를 따라가는 셈이다.

그러나 그런 결실을 맛보기까지의 과정은 결코 순탄하지 않았다. 수많은 과학자와 엔지니어들의 피땀 어린 노력이 들어갔다. 1부는 앞에서 언급한 리카르도 지아코니와 앨런 드레슬러를 포함해 제임스 웹을 설계하고 제작하고 쏘아올리기까지의 과정을 풀어낸다. 인류가 우주에 대한 이해를 넓히기 위해 어떤 과정을 밟아야 하는지, 무엇이 필요한지를 생생하게 보여주는 기록이다.

하지만 꿈을 현실로 만드는 과정은 악몽에 가까웠다. 처음 예산은 10억 달러였지만, 2011년에는 88억 달러로 불어나 있었다. 발사 예정일은 2007년에서 2014년으로, 다시

2018년으로, 결국 2021년으로 계속 미뤄졌다. 기술적 도전은 상상을 초월했다. 거꾸로 말하면, 당시에 존재했던 최첨단 기술이 거의 빠짐없이 제임스 웹에 담겼다는 뜻이기도 했다.

가장 큰 도전은 주경이었다. 허블의 주경은 지름 2.4미터였지만, 제임스 웹은 6.5미터짜리 거울이 필요했다. 문제는 그런 거대한 거울을 로켓에 통째로 실을 수 없다는 것이었다. 하지만 해결책은 경이로웠다. 18개의 육각형 거울 조각으로 주경을 나누고, 발사 후 우주에서 펼쳐서 하나의 거울로 맞춰 세우는 것이었다. 각 거울 조각은 베릴륨으로 만들어지고, 나노미터 단위로 연마되며, 금으로 코팅된다. 왜 금인가? 금은 적외선을 가장 효율적으로 반사하기 때문이다.

주경만으로도 이미 충분히 어려운데 여기에 더 어려운 문제가 있었다. 적외선 망원경은 극저온에서 작동해야 한다. 망원경 자체가 내는 열이 곧 관측의 노이즈가 되기 때문이다. 해결책은 테니스 코트 크기의 5겹 차양막이었다. 캡톤이라는 특수 소재로 만들어진 이 막은 태양빛을 차단해 망원경을 영하 233도로 유지한다. 각 막은 티슈보다 얇으면서도, 우주의 극한 환경을 견뎌야 했다.

2011년은 제임스 웹 프로젝트가 생사의 기로에 섰던 해였다. 7월 7일, 미국 하원 세출위원회가 제임스 웹 프로젝트의 예산을 전액 삭감하기로 결정했다. 20년 이상의 노력과 60억 달러가 물거품이 될 위기였다. 위원회 의장은 "제임스 웹 우주망원경은 통제 불능의 프로젝트"라고 비난하기까지 했다.

이때 과학계가 일어섰다. 천문학자들만이 아니었다. 물리학자, 화학자, 생물학자, 심지어 철학자들까지 제임스 웹 프로젝트를 지지하고 나섰다. 왜냐하면 모두가 알고 있었기 때문이다. 제임스 웹이 단순한 천문학 도구가 아니라, 인류의 근본적 질문에 답하는 도구라는 것을.

바바라 미컬스키 상원의원의 역할은 결정적이었다. 메릴랜드 주 상원의원이자 상원 세출위원장이었던 그녀는 우주망원경과학연구소가 자신의 지역구에 있다는 이해관계를 넘어, 과학의 가치를 이해하는 정치인이었다. 그녀는 NASA에 편지를 보냈다. "제임스 웹 우주망원경이 왜 이렇게 예산을 초과했는가? 언제 완성될 것인가? 정말로 약속한 과학을 실현할 수 있는가?" NASA 국장 찰스 볼든의 답변은 솔직했다. 실수를 인정했고, 개선책을 제시했으며, 무엇보다 제임스 웹의 과학적 가치를 강조했다. "제임스 웹 우주망원경 없이는 우리는 영원히 우주의 첫 번째 장을 읽지 못할 것입니다."

독립검토위원회가 구성됐다. 존 카사니가 이끈 이 위원회는 두 달 동안 프로젝트의 모든 측면을 샅샅이 검토했다. 그들의 보고서는 신랄했다. "기술적 복잡성을 과소평가했다. 일정이 비현실적이었다. 위험 관리가 부실했다. 의사소통이 불투명했다." 하지만 결론은 명확했다. "이 모든 문제에도 불구하고, 제임스 웹 우주망원경은 반드시 완성되어야 한다. 이것은 미국뿐 아니라 인류 전체를 위한 프로젝트다. 제임스 웹 우주망원경이 가져올 과학적 가능성은 그 비용과 위험을 충분히 정당화한다."

의회는 결국 프로젝트를 살려냈다. 하지만 조건이 있었다. 예산 상한선을 80억 달러로 못박고, 1달러라도 초과하면 프로젝트는 자동 취소된다. 발사 시한은 2018년 10월. 더 이상의 지연은 용납되지 않는다는 메시지였다.

이때부터 프로젝트는 새로운 국면에 들어섰다. 노스롭 그루먼의 엔지니어들은 밤낮없이 일했다. 수천 개의 부품이 테스트되고, 수백 번의 시뮬레이션이 돌아갔다. 특히 차양막 전개 테스트는 악몽에 가까웠다. 지구의 중력 환경에서 무중력 상태를 완벽하게 시뮬레이션하는 것은 거의 불가능했다. 엔지니어들은 케이블과 도르래로 복잡한 장치를 만들어 차양막을 공중에 띄운 채 테스트를 수행했다.

2017년, 허리케인 하비가 존슨 우주센터를 강타했다. 제임스 웹이 거대한 진공 챔버에서 극저온 테스트를 받고 있을 때였다. 홍수로 센터 전체가 마비되었지만, 기적적으로 제임스 웹이 있는 건물만은 무사했다. 엔지니어들은 "신이 제임스 웹 우주망원경을 지켜주었다"고 농담했지만, 실제로는 그들의 치밀한 대비와 준비 덕분이었다.

발사는 수없이 연기됐다. 2018년에서 2019년으로, 다시 2020년으로, 그리던 와중에 2019년 말, 코로나19 팬데믹이 터졌다. 전 세계가 멈춰 섰지만, 제임스 웹 팀은 멈출 수 없었다. 방역복을 입고, 마스크를 쓰고, 사회적 거리를 유지하며 그들은 일을 계속했다. 30년을 기다린 프로젝트가 바이러스 때문에 멈출 수는 없었기 때문이다.

이 일부만 추려 본 개발 과정만으로도, 제임스 웹이 언제 좌초되어도 이상하지 않은 프로젝트였음을 알 수 있다. 그렇기에 '기적'이라고 말해도 과장이 아니다. 이 책은 그 기적이 일어나는 과정을 생생하게 보여주며, 과학의 인간적 측면을 탁월하게 포착한다.

1989년에 20대 대학원생으로 프로젝트에 참여해 2021년 50대 중년이 되어 발사를 지켜본 과학자. 은퇴를 앞두고도 매일 실험실에 나와 거울을 연마한 기술자. 암 투병 중에도 차양막 설계를 완성한 엔지니어. 이들에게 제임스 웹은 단순한 직장이 아니라 삶의 의미였다. 정치적 압력, 예산 삭감, 기술적 실패, 심지어 팬데믹까지. 모든 역경을 이겨내고 마침내 우주로 날아간 제임스 웹은 인류가 무엇을 할 수 있는지 보여주는 증거다.

과학의 정치적인 측면도 가감 없이 드러난다. 과학은 순수해야 하지만, 현실에서는 과학은 정치와 분리될 수 없다. 제임스 웹 프로젝트는 이 긴장관계를 잘 보여준다. 과학자들은 우주의 비밀을 풀고 싶어 하지만, 정치인들은 당장의 이익과 성과를 요구한다. 이 간극을 메우는 것은 결국 대중의 지지다. 바바라 미컬스키 상원의원이 제임스 웹을 구한 것도 결국 유권자들의 지지 덕분이었다. 메릴랜드 주민들은 고다드 우주비행센터와 우주망원경과학연구소를 자랑스러워했다. 그들에게 제임스 웹은 일자리이자 자부심이었다. 과학이 사회와 분리될 수 없는 이유다.

국제협력의 중요성도 빼놓을 수 없다. 제임스 웹은 미국, 유럽, 캐나다가 함께 만들었다. 유럽우주국은 아리안 5 로켓과 NIRSpec 기기를 제공했다. 캐나다는 정밀유도센서와 NIRISS를 제공했다. 각국의 장점을 모아 혼자라면 불가능했을 일을 가능으로 만든 것이다.

이 모든 요소가 합쳐지며 발상 장면의 감동을 완성했다. 프랑스령 기아나의 쿠루 우주센터. 미국의 망원경이 유럽의 로켓에 실려 남미에서 발사되는 순간. 그것은 인류가 하나 되는 순간이었다. 나이, 직업, 국경, 인종, 언어, 문화를 넘어 하나의 목표를 향해 나아가는 인류를 상징하는 장면이었다.

감격의 발사, 그리고 경이로운 발견

2021년 12월 25일 발사 당일, 전 세계 수백만 명이 생중계를 지켜보았다. 나도 이 순간을 얼마나 기다려왔는지 모른다. 하지만 당시 한국에서는 과학에 관심이 있는 일부를 제외하고는 제임스 웹이 얼마나 대단하고 놀라운 망원경인지 잘 알려져 있지 않았다.

나와 함께 일하는 〈안될과학〉 팀은 수많은 이들의 헌신이 빚어낸 이 역사적인 순간을 알리기 위해 최선을 다했다. 제임스 웹과 관련된 영상을 만들고, 보도자료를 배포하고 생중계까지 진행하며 대중의 관심을 환기시키는데 최선을 다했다. 그 노력 덕분에 수많은 언론인을 비롯해 3만 명이 넘는 대중이 이 발사 현장을 함께 지켜봤다.

카운트다운이 시작되고, 아리안 5 로켓이 불을 뿜으며 상승했다. 27분 후, 제임스 웹이 로켓에서 분리됐다. 그 순간

NASA 관제실은 환호와 눈물로 가득했다. 전원 공급을 위한 태양광 패널이 펴지는 순간 생중계하던 나 역시 그 벅찬 감정을 주체할 수 없었다. 천문학자로서, 과학커뮤니케이터로서 지켜봐왔던 30년짜리 꿈이 드디어 우주로 날아간 것이다.

하지만 진짜 시험은 이제 시작이었다. 344개의 단일 실패 지점(single point of failure). 그중 하나라도 실패하면 100억 달러짜리 우주 쓰레기가 되는 상황이었다. 첫 번째 관문은 태양전지판 전개였다. 발사 33분 후, 태양전지판은 성공적으로 펼쳐졌다. 다음은 하이 게인 안테나의 전개. 이 또한 성공적으로 이루어졌다. 그러나 가장 큰 고비는 차양막 전개 과정이었다.

차양막 전개에는 꼬박 일주일이 걸렸다. 107개의 해제 장치, 90개의 케이블, 400개의 도르래가 완벽하게 작동해야 했다. 1월 4일, 마지막 차양막이 팽팽하게 당겨졌을 때, 엔지니어들은 샴페인을 터뜨렸다. 불가능해 보였던 '우주 종이접기'가 성공한 순간이었다.

다음 고비는 주경과 부경의 전개 과정이었다. 먼저 삼각대처럼 생긴 부경이 펼쳐졌다. 그리고 1월 7일과 8일, 주경의 좌우 날개가 차례로 펼쳐졌다. 18개의 황금빛 육각형이 완벽한 벌집 모양을 이루었다. 제임스 웹이 드디어 눈을 뜬 것이다.

1월 24일, 제임스 웹은 목적지인 라그랑주 L2 포인트에 도착했다. 지구에서 150만 킬로미터 떨어진 이곳은 태양과 지구의 중력이 균형을 이루는 특별한 지점이다. 여기에서 제임스 웹은 최소한의 연료로, 지구의 뒷편에서 태양과 지구의 밝은 적외선 영향을 최소화하며 안정적으로 궤도를 유지할 수 있다. 아리안 5 로켓의 정확한 발사 덕분에 연료를 절약할 수 있었고, 원래 5~10년으로 예상했던 수명은 20년 이상으로 늘어났다.

이제 본격적인 관측을 위한 사전 작업이 시작됐다. 18개의 거울 조각을 하나의 거울처럼 작동하게 만드는 과정이다. 각 거울 뒤에는 7개의 액추에이터가 있어, 나노미터 단위로 위치를 조절할 수 있다. 이 섬세한 과정에는 약 석 달이 필요했다. 처음에는 18개의 흐릿한 점으로 보이던 별이, 조금씩 하나의 선명한 점으로 수렴해 갔다.

3월 16일, NASA가 공개한 이미지는 충격에 가까웠다. 2MASS J17554042+6551277이라는 평범한 별 하나의 사진이었지만, 그 선명도는 이론적 한계에 거의 근접해 있었다. 더 놀라운 것은 배경이었다. 별 주위에 수많은 은하들이 보석처럼 박혀 있었다. 이것은 단순한 테스트 이미지였는데도, 허블 딥 필드에 버금가는 장관이었다. 테스트 이미지만으로도 이 정도라면, 제임스 웹이 가진 능력은 우리의 상상을 훌쩍 뛰어넘는다는 뜻이었다.

2022년 7월 11일, 백악관에서 조 바이든 대통령이 제임스 웹의 첫 공식 이미지를 공개한다는 소식이 전해졌다. 우리의 노력 덕분인지는 알 수 없지만, 많은 사람의 시선이 이 첫 이미지 공개에 쏠리기 시작했다. 우리 팀은 국제천문연맹과 공조해, 〈안될과학〉에서 진행하는 제임스 웹 첫 공식 이미지 공개 생중계를 한국의 공식 제임스 웹 이미지 공개 행사로 인정받았다. 그리고 제임스 웹 프로젝트에 참여하고 있는 손상모 박사님을 초청해 첫 이미지 공개 순간을 함께했다(손상모 박사님은 이 책의 추천사도 써 주셨다).

그렇게 많은 사람들과 함께 처음으로 마주한 이미지가 SMACS 0723 은하단이다. '제임스 웹 우주망원경의 첫 딥 필드'로 불린 이 이미지는 쌀알만 한 하늘 영역에 수천 개의 은하를 담고 있었다.

중력렌즈 효과가 만든 호arc 모양의 빛줄기들은 아인슈타인의 일반상대성이론을 그림처럼 보여주고 있었다. 46억 년 전의 빛이 거대한 은하단의 중력에 의해 휘어지고 증폭되면서, 그 뒤에 숨어 있던 130억 년 전 은하들을 드러낸 것이다.

하나의 이미지 안에 우주론, 상대성이론, 은하 진화, 별 형성의 이야기가 함께 담겨 있었다.

이어서 공개된 이미지들도 경이로웠다. 용골자리 성운의 '우주 절벽Cosmic Cliffs'은 높이 7광년에 달하는 거대한 가스와 먼지 구름이 산맥처럼 솟아 있는 모습을 보여주었다. 그 안에서 막 태어난 별들이 강력한 항성풍으로 주변 물질을 밀어내며 동굴을 만들고 있는 모습도 확인할 수 있었다. 늙은 별이 죽으며 뿌린 물질 속에서 새로운 별이 태어나는, 우주의 순환이 한 장면 안에 담겨 있었다.

스테판의 오중주는 은하 상호작용의 교과서 같은 장면이었다. 다섯 개의 은하 중 네 개가 실제로 서로의 중력에 묶여 춤을 추고 있다. 은하와 은하 사이의 조석력이 만든 거대한 가스 꼬리, 충돌로 촉발된 폭발적인 별 형성, 활동은하핵에서 뿜어져 나오는 제트까지, 이 모두가 한 프레임 안에 포착됐다.

남쪽고리성운(NGC 3132)은 죽어가는 별의 초상화 같았다. 중심의 백색왜성 주위로 퍼져나간 가스 껍질이 마치 우주의 꽃처럼 피어 있었다. 제임스 웹은 이 성운이 단순한 구 모양이 아니라, 여러 겹의 껍질과 필라멘트, 매듭이 얽힌 복잡한 3차원 구조임을 드러냈다. 이 행성상 성운은 우리 태양이 50

억 년 뒤에 겪게 될 운명을 미리 보여주는 장면이기도 하다.

의미 면에서 가장 인상적인 관측은 아마 WASP-96b의 대기 스펙트럼일 것이다. 화려한 이미지가 아닌 단순한 그래프였지만, 그 의미는 엄청났다. 1,300광년 떨어진 외계행성의 대기에서 수증기, 구름, 연무의 증거를 찾아낸 것이다. 이것은 시작에 불과하다. 언젠가 제임스 웹 우주망원경은 산소, 메탄, 인산염 같은 생체 신호를 외계행성에서 검출할 것이라고, 많은 과학자들이 믿고 있다.

제임스 웹 우주망원경의 네 가지 지평

3장에 나오는 하이디 해멀의 이야기는 이 책의 백미 중 하나다. 그녀가 모니터 앞에서 고양이를 끌어안고 제임스 웹 우주망원경이 촬영한 목성의 이미지를 보는 장면은, 제임스 웹이 과학계의 지평을 어떻게 넓혔는지를 감동적으로 보여준다.

해멀이 마주한 것은 단순한 목성 사진이 아니었다. '태양계 연구'의 새로운 시대가 열린다는 신호였다. 행성 과학자인 하이디 해멀은 처음에는 제임스 웹 우주망원경 프로젝트가 본인의 주 관심사인 태양계 연구와는 무관하다고 생각해 회의적이었다. 하지만 프로젝트 계획이 구체화될수록 생각을 바꾸게 된다. 수년간의 로비와 설득 끝에, 제임스 웹 우주망원경에 이동 천체 추적 기능을 추가하는 데 성공한 것이다.

그 결과는 놀라웠다. 2022년 7월, 제임스 웹이 촬영한 목성의 이미지는 전례 없는 디테일을 보여주었다. 대적점 주위의 소용돌이, 극지방의 오로라, 희미한 고리까지 모두 선명하게 드러났다. 해왕성 이미지는 더 큰 충격이었다. 제임스 웹 우주망원경은 1989년 보이저 2호 이후 처음으로 해왕성의 고리를 다시 또렷하게 보여주었다. 30여 년 만에 다시 본 해왕성은 마치 다른 행성처럼 보였다.

이렇게 '가까운 우주'라고 할 수 있는 태양계를 더 정밀하게 들여다보면서, 그간에는 몰랐던 사실들이 드러나고 있다. 이를테면 안셀라두스라는 위성 하나가 토성의 E고리와 주변 공간을 엄청난 양의 물과 얼음으로 채우고 있다는 사실이 그렇다. 이를 발표한 제로니모 비야누에바는 "확실히 태양계 탐사의 새 시대가 열렸습니다"라고 말했다.

이 모든 것을 가능하게 한 근본적인 이유는 제임스 웹에 탑재된 강력한 분광 관측 능력 덕분이다. 전자기파를 잘게 쪼개어 분석함으로써, 빛을 내는 물질의 화학 성분을 파악하는 분광학과 분광 관측 기술이 발전하면서 본격화된 것이 있었다. 바로 4장에서 다루는, 우주 속 '생명의 흔적'을 찾는 작업이다.

분자구름 연구는 새로운 단계에 접어들었다. 카멜레온 I 분자구름에서 복잡한 유기분자들이 발견됐다. 메탄올, 에탄올, 심지어 아미노산의 전구체까지. 이 분자들은 영하 260도의 극저온에서도 화학 반응을 일으키고 있었다. 생명이 움틀 만한 조건, 생명의 씨앗이 우주 곳곳에 뿌려져 있음을 보여주는 결과다.

K2-18b 관측은 외계 생명체 탐색의 새로운 장을 열었다. 이 행성은 '하이시언Hycean' 행성으로 분류된다. 수소가 풍부한 대기 아래에 바다가 있을 수 있는 행성이다. 제임스 웹은 이 행성의 대기에서 메탄과 이산화탄소를 검출했다. 더 흥미로운 것은 생명 활동과 연결된 분자로 알려진 DMS(디메틸설파이드)의 존재 가능성이 제기되었다는 점이다. 지구에서 DMS는 주로 해양 플랑크톤 같은 생명체가 생산한다. 물론 아직 논쟁 중이지만, 이 하나의 신호만으로도 학계를 크게 들썩이게 했다.

이제 시선을 은하로 돌려보자. 앞에서 앨런 드레슬러가 내걸었던 제임스 웹의 과제 중 하나는 은하의 탄생과 진화를 규명하는 것이었다. 5장은 제임스 웹이 강력한 근적외선·중적외선 관측 능력으로 이 문제에 어떻게 기여했는지를 보여준다.

우리 은하에 관한 연구에서 물의 존재가 중요하다면, 은하의 진화를 연구하는 입장에서는 '먼지'가 중요하다. 그리고 그 먼지를 만드는 대표적인 요인이 초신성이다. 오리 폭스 팀의 연구는 제임스 웹의 의미를 잘 보여준다. 이들은 필터를 이용해 차가운 먼지는 빨간색으로, 뜨거운 먼지는 파란색으로 보이도록 설정한 뒤 초신성 2004et를 관측했다. 그 결과 파란 점들의 바다 속에 유독 눈에 띄는 빨간 점 하나가 찍혔다. 초신성이 우주에 존재하는 엄청난 양의 먼지를 만들어낸다는 사실을 처음으로 분명히 확인한 순간이었다.

19개의 나선은하를 관측한 국제 협력 프로젝트 PHANGS도 중요하다. 100명이 넘는 연구자들이 참여한 이 팀은 제임스 웹으로 가스와 먼지, 별들로 이루어진 나선팔을 뚫고 그 너머를 들여다보았다. 그 결과 별과 행성 형성에 핵심적인 역할을 하는 여러 분자와 탄화수소, 복잡한 구조들을 포착했다.

2022년 7월, 제임스 웹은 초신성 1987A를 관측했다. 1987년 대마젤란은하에서 폭발한 이 초신성은 400년 만에 육안으로 볼 수 있었던 가장 가까운 초신성이었다. 연구자들의 목표는 중심부에 숨어 있을지 모를 중성자별이나 블랙홀을 찾는 것이었지만, 이는 아직 풀리지 않은 과제로 남았다. 그 대신 폭발로 방출된 물질이 만들어 낸 복잡한 구조가 드러났다. 규산염으로 이루어진 먼지, 일산화탄소, 아르곤 같은 물질들이 고리와 필라멘트를 이루며 엉켜 있었다. 이 물질들은 언젠가 새로운 별과 행성의 재료가 될 것이다.

제임스 웹 우주망원경의 관측 결과 가운데 특히 큰 화제를 모은 것은 초기 우주와 관련된 것들이다. 6장이 바로 이 내용을 다룬다. 제임스 웹은 빅뱅 후 불과 3~4억 년 만에 존재했던 GLASS-z12, CEERS-93316 같은 은하를 발견했다. 이론상 그 시기에는 아직 은하가 제대로 형성될 수 없을 것이라 여겨지던 때였다. 더 놀라운 것은 이들 은하의 크기와 밝기였다. 일부는 우리 은하 질량의 10분의 1에 달하는 것으로 추정된다.

이러한 놀라운 관측 결과가 잇따르면서 "제임스 웹 관측이 우주론을 깨뜨렸다"는 자극적인 헤드라인들이 등장했다. 하지만 저자는 6장을 통해 그보다 더 흥미로운 진실을 보여준다. 우주론이 깨진 것이 아니라, 더 정교해지고 있다는 것이다. 초기 우주가 우리가 생각했던 것보다 훨씬 더 효율적으로 별과 은하를 만들어냈음이 드러나고 있다. 암흑물질 헤일로가 예상보다 빨리 성장했고, 가스가 더 효율적으로 냉각됐으며, 첫 세대의 별들이 매우 무거웠을 가능성이 제기된다.

GN-z11 은하의 관측은 특히 중요하다. 빅뱅 후 약 4억 년 시점의 이 은하에서 탄소, 질소, 산소 같은 무거운 원소들이 발견된 것이다. 이런 원소들은 별의 핵융합으로만 만들어진다. 즉, 그 이전에 이미 별의 세대교체가 여러 번 일어났다는 뜻이다. 제1세대 별들이 태어나고, 죽고, 초신성으로 폭발해 무거운 원소를 우주에 뿌린 뒤, 그 부산물로 제2세대 별들이 태어난 것이다. 이 모든 일이 불과 수억 년 사이에 진행된 셈이다.

여기서 간략히 언급한 연구들 외에도 제임스 웹이 기여하고 있는 분야는 매우 넓다. 암흑 물질과 암흑 에너지, 초기 우주의 재이온화 시대에 관한 연구도 이 책에서 간단히 소개된다. 책에 자세히 나오지는 않지만, 원시 블랙홀 연구나 퀘이사 연구도 매우 흥미롭다. '녹색 완두' 은하나 오리온 성운 관측 역시 은하 진화와 성간 물질 연구에 중요한 단서를 제공했다.

이러한 발견들은 'ΛCDM 모델'이라 불리는 표준우주론의 세부를 다시 점검하고, 일부를 조정해야 할지 모른다는 질문을 던지고 있다. 하지만 이것은 과학의 건강한 발전 과정이다. 관측이 이론에 도전하고, 이론이 진화하며, 다시 새로운 예측을 내놓고, 그 예측을 검증하는 관측이 이어진다. 제임스 웹은 바로 이 과정의 최전선에 서 있는 도구다.

이렇게 제임스 웹은 우리의 우주관을 고쳐 쓰고 있는 중이다. 그러나 가장 중요한 발견은, 어쩌면 우리가 아직 이해하지 못하는 것들일지도 모른다. 과학사가 보여주듯, 진정한 혁명은 예상치 못한 곳에서 온다. 렌트겐이 X선을 발견했을 때, 베크렐이 방사능을 발견했을 때, 펜지어스와 윌슨이 우주배경복사를 발견했을 때처럼 말이다. 제임스 웹도 이미 설명하기 어려운 현상들을 우리에게 보여주고 있다. 일부 은하의 스펙트럼에서는 정체불명의 흡수선이 나타난다. 어떤 별들은 이론이 허용하는 것보다 더 밝다. 일부 행성 대기에서는 예상치 못한 화학 물질이 검출된다. 이런 수수께끼가 어떤 새로운 물리학으로 이어질지, 아직 아무도 모른다.

새로운 시작을 기다리며

이 책을 번역하면서 세그먼트 거울, 액추에이터, 크라이오쿨러, 라그랑주 포인트 같은 전문 용어들을 정확하면서도 이해하기 쉽게 옮기는 것은 큰 도전이었다. 최선을 다했지만, 미진한 부분이 있으리라 생각한다.

하지만 그보다 더 큰 도전은 감정을 번역하는 일이었다.

30년을 기다린 과학자의 눈물, 예산 삭감 소식을 들은 엔지니어의 절망, 발사 성공 순간의 환희. 저자는 이런 감정들을 유려한 문장으로 담아냈고, 덕분에 나 역시 그들과 함께 울고 웃었다. 이 책을 읽는 독자들도 그런 감정을 함께 느끼기를 바란다.

번역을 마치며 다시 생각한다. 제임스 웹은 끝이 아니라 시작이다. 이미 차세대 망원경들이 구상되고 있다. 지름 15미터의 LUVOIR, 외계행성을 직접 촬영하려는 HabEx, 우주에서 중력파를 감지할 LISA. 이 망원경들은 제임스 웹이 연 문을 통과해 더 깊은 우주로 들어갈 것이다.

언젠가는 제임스 웹의 성과도 과거의 유산이 될 것이다. 이를테면, 정말로 외계 생명체를 발견하는 날이 올지 모른다. 그런 날이 오면 인류의 역사는 '그 이전'과 '그 이후'로 나뉠 것이다. 코페르니쿠스 혁명과 다윈의 진화론에 견줄 만한 인식의 전환이 일어날 것이다. 그때가 오더라도 제임스 웹의 유산은 쉽게 사라지지 않을 것이다. 제임스 웹이 보여준 것은 단순한 우주의 모습이 아니라, 우주를 이해하려는 인간 정신의 숭고함이기 때문이다.

칼 세이건은 이렇게 말했다. "우주는 우리 안에 있다. 우리는 별의 물질로 만들어졌다. 우리는 우주가 자기 자신을 인식하는 방법이다." 제임스 웹은 바로 그 인식을 돕는 도구다. 138억 년 된 우주가 자기 자신을 돌아보는 거울이다. 그리고 그 거울을 만든 것은 우리 인간 자신이다.

이 책의 원서 제목은 '창조의 기둥Pillars of Creation'이다. 우리는 모두 무언가를 창조하는 존재라는 메시지를 담고 있다. 제임스 웹을 만든 과학자와 엔지니어들이 그랬듯, 불가능을 가능으로 바꾸는 것. 그것이 인간의 본질이라는 선언이다.

천문학자로서, 또 과학 커뮤니케이터로서 나는 제임스 웹이 가져올 미래에 설렌다. 앞으로 20년 동안 이 망원경이 보여줄 우주의 비밀들, 새로운 물리학의 탄생, 생명의 기원에 대한 이해, 우주의 운명에 대한 통찰. 이 모든 것이 우리를 기다리고 있다.

하지만 무엇보다 중요한 것은, 제임스 웹이 보여준 것처럼, 인류가 함께라면 무엇이든 가능하다는 사실이다. 앞에서 이야기했듯, 30년의 인내, 100억 달러의 투자, 수천 명의 헌신. 이 모든 것이 모여 하나의 기적을 만들었다. 미래의 어느 날, 우리 후손들은 제임스 웹 시대를 돌아보며 이렇게 말할지도 모른다. "그때 인류는 비로소 우주를 깊이 이해하기 시작했다. 그리고 그 이해를 통해 자기 자신을 다시 발견했다."

이 책이 그 위대한 여정의 기록이 되기를, 그리고 더 많은 사람들이 우주를 향한 호기심을 품게 되기를 바란다. 호기심이야말로 인간을 진정 인간답게 만드는 힘이라 믿기 때문이다.

밤하늘의 별을 올려다보며 생각한다. 저 별빛 중 일부는 제임스 웹이 포착한 130억 년 전 은하에서 왔을 것이다. 시간과 공간을 넘어 우리에게 도달한 메시지, 우주가 우리에게 들려주는 이야기다.

제임스 웹은 그 이야기를 빛의 언어로 받아들이는 도구다. 이 책은 그 아름다운 이야기를 인간의 언어, 영어 문장으로 옮겨 적은 기록이고, 나는 그 문장을 다시 한국어로 옮겼다. 이 이중, 삼중의 번역을 거쳐서도 우주와 그것을 이해하고자 하는 인간의 경이로움이 조금이라도 온전히 전해지기를 바란다. 결국 우리는 모두 우주의 일부이기 때문이다.

2025년 11월 별빛 가득한 밤하늘 아래서

강성주(항성)

주

1980년대 프로젝트가 처음 시작된 순간부터 2022년 7월 과학 임무가 공식적으로 시작되기까지, 제임스 웹 우주망원경에 참여한 인원은 총 2만 명으로 집계된다. 그들이 일한 시간을 모두 합치면 총 1억 시간에 달한다. 제임스 웹 우주망원경이 매일 지구로 쏟아내는 데이터의 양은 50기가바이트로, 단어나 숫자 같은 개별 의미 단위로 환산하면 500억 개에 해당한다. 망원경이 가동된 짧은 시간 동안 쏟아져 나오기 시작한 과학적 발견들은 과학자들조차 압도할 정도다. 자신의 좁은 전문 분야에서조차 지금까지 가장 중요한 결과가 무엇이라고 생각하는지 물으면, 그들이 반사적으로 하는 대답은 '어디서부터 시작해야 할지 모르겠다'는 것이다.

결론부터 말하자면, 이 책은 모든 것을 담고 있지 않다. 그

대신, 바라건대, 이 책은 지난 40년간 투입된 지적, 육체적 (그리고 감정적) 노동이라는 인간적인 투자와, 제임스 웹 우주망원경이 거의 이해할 수 없는 속도와 소화하기 힘든 양으로 쏟아내고 있는 과학을 대신하고, 또 대표하고자 한다.

이 방대한 자료를 독자들이 이해하고 소화할 수 있도록 돕기 위해, 나는 각 장을 세 가지 요소로 구성했다. 각 요소에 대한 간략한 설명은 이어지는 기록을 읽어나가는 데 길잡이가 되어줄 것이다.

첫 번째 요소는 한 명 또는 여러 명의 과학자들이 겪은 개인적인 경험이다. 나는 그 인물들의 이름을 굵은 글씨로 표기했다(다른 인터뷰 대상자들의 경우도 마찬가지다).

두 번째 요소는 과학 그 자체다. 각 장의 서사를 이끌어가는 과학자들의 이야기와 마찬가지로, 각 장에 담긴 과학 내용 역시 제임스 웹 우주망원경이 이룬 획기적인 발견들의 일부를 맛보기로 보여주는 것이다. 이 맛보기에 포함된 구체적인 연구 결과들은 이어지는 주석에서 공식적으로 인용할 가치가 있다. 하지만 다시 한번 말하지만, 이 결과들은 훨씬 더 광범위한 집단적 노력의 일부임을 나타낼 뿐이다.

세 번째 요소는 역사적 맥락이다. 이는 오늘날의 우주론을 정의하고, 나아가 제임스 웹 우주망원경의 기술적, 지적

야망을 형성하는 데 도움을 준 과학의 간략한 역사다. 이 부분의 출처는 아래 기록에서 찾을 수 없다. 참고 문헌이 너무 많아 일일이 밝히거나 어쩌면 기억하기조차 어렵기 때문이다. 이 책의 역사적 맥락 부분은 내가 여러 권의 책을 쓰면서 수행한 연구들을 하나로 융합한 결과물이다. 한번은 언론인 친구가 자기 책을 인용하는 저자들에 대해 열변을 토하는 것을 들은 적이 있다. 나는 그런 관행에 빠지지 않으려 한다. 술집에서 작가들의 조롱거리가 되는 걸 피하기 위해서라도 말이다. 그럼에도 불구하고, 천문학, 천체물리학, 우주론의 역사와 철학에 대해 더 궁금한 독자라면 나의 다른 책들을 한 권 이상 참고해도 좋을 것이다.

마지막으로, 제임스 웹 우주망원경을 직접 탐구해보고 싶은 모든 이들을 위해, 두 개의 공식 웹사이트를 소개한다. 이 두 곳은 필수적이다: https://webbtelescope.org/home과 https://www.stsci.edu/jwst. 그리고 우주망원경 과학 연구소에 대한 더 많은 정보는 https://www.stsci.edu/에서 찾아볼 수 있다.

프롤로그

- 서문의 시작: 댄 코, 레베카 라슨.
- 백악관에서 열린 제임스 웹 우주망원경 공개 행사 링크: https://www.youtube.com/watch?v=ySaIPoHisRg

1. 목표

- "성공은 아버지가 많지만 실패는 고아다"라는 격언이 있다. 몇몇 인터뷰 당사자들은 제임스 웹 우주망원경이 될 망원경의 '진짜' 기원에 대한 발사 후의 경쟁적인 주장을 설명하며 이 격언을 인용했다. 그 기원이 1980년대의 초기 논의였는지, 아니면 1990년대의 재시동이었는지를 두고 말이다. 가스 일링워스Garth Illingworth와 앨런 드레슬러Alan Dressler는 제임스 웹 우주망원경의 시작에 대한 두 가지 다른 버전의 이야기를 각각 요약해서 들려주었다. 이 장에 서술된 내용은 공개적으로 이용 가능한 사실에 근거하면서, 두 과학자의 해석을 명확히 밝히고 있다.
- 리카르도 지아코니Riccardo Giacconi의 논문에 대한 자세한 내용은 다음을 참고. Riccardo Giacconi et al., Evidence for X-Rays from Sources Outside the Solar System, Physical Review Letters 9 (1962.12.1).

- 우주 연구 위원회의 최종 보고서에 대한 자세한 내용은 다음을 참고하라. National Research Council, Space Science in the Twenty- First Century: Imperatives for the Decades 1995 to 2015 (Washington, DC: National Academy Press, 1988).
- 가스 일링워스의 볼티모어 연설에 대한 자세한 내용은 다음을 참고하라. D. McNally, ed., Highlights of Astronomy 8 (Dordrecht, Netherlands: Kluwer Academic Publishers, 1989).
- 1989년 우주망원경 과학 연구소에서 열린 워크숍에 대한 자세한 내용은 다음을 참고하라. Pierre-Yves Bely, Christopher J. Burrows, and Garth D. Illingworth, eds., The Next Generation Space Telescope: Proceedings of a Workshop Held at the Space Telescope Science Institute, Baltimore, Maryland, 13- 15 September 1989 (Baltimore: Space Telescope Science Institute, 1989).
- 조지 H. W. 부시George H. W. Bush의 달 복귀 발언의 맥락에 대한 자세한 내용은 다음을 참고하라. National Research Council of the National Academies, NASA's Strategic Direction and the Need for a National Consensus

(Washington, DC: National Academies Press, 2012).

- 제임스 웹 우주망원경의 맥락에서 적외선 천문학에 대한 더 많은 정보는 다음을 참고하라. https://webbtelescope.org/webb-science/the-observatory/infrared-astronomy.
- 1995년 원본 허블 딥 필드에 대한 개요는 다음을 참고하라. https://hubblesite.org/contents/articles/hubble-deep-fields.

2. 임무

- 1996년 1월 미국 천문학회 회의에서 댄 골딘이 앨런 드레슬러에게 연설한 이야기는 널리 알려져 있다. 대표적인 예로는 다음을 참고하라. David S. Leckrone, Life with Hubble: An Insider's View of the World's Most Famous Telescope (Bristol, UK: IOP Publishing, 2020)
- 1996년부터 발사 이후까지의 임무에 대한 배경 정보: 토르스텐 뵈커; 댄 코; 앨런 드레슬러; 오리 폭스; 가스 일링워스; 마이크 멘젤; 브라이언 오설리번; 마샤 J. 리키; 마시모 스티아벨리.
- 허블 그 이후를 준비하는 위원회 보고서에 대해서는 다음을 참고하라. Alan Dressler, ed., HST and Beyond:

Exploration and the Search for Origins: A Vision for Ultraviolet- Optical- Infrared Space Astronomy (Washington, DC: Association of Universities for Research in Astronomy, 1996).

- 과학 실무 그룹의 결론에 대한 더 자세한 내용은 다음을 참고하라. Jonathan P. Gardner et al., "The James Webb Space Telescope," Space Science Reviews 123 (2006).
- 2008년까지의 제임스 웹 우주망원경 과학 계획 현황에 대한 더 자세한 내용은 다음을 참고하라. Harley A. Thronson, Massimo Stiavelli, and Alexander Tielens, eds., Astrophysics in the Next Decade: The James Webb Space Telescope and Concurrent Facilities (Dordrecht, Netherlands: Springer, 2009).
- 제임스 웹 우주망원경의 역사와 제작 과정에 대한 더 자세한 내용은 다음을 참고하라. Chris Gunn and Christopher Wanjek, Inside the Star Factory: The Creation of the James Webb Space Telescope, NASA's Largest and Most Powerful Space Observatory (Cambridge, MA: MIT Press, 2023).

2010년 6월 29일, 바바라 A. 미컬스키가 찰스 볼든에게 보낸 서신은 가스 일링워스가 제공했다.

2010년 7월 21일, 찰스 F. 볼든 주니어가 바바라 A. 미컬스키 의원에게 보낸 서신은 가스 일링워스가 제공했다.

"Terms of Reference (TOR) for Independent Comprehensive Review Panel of the James Webb Space Telescope, July 15, 2010": 가스 일링워스가 제공했다.

- 2010년 10월 당시 제임스 웹 우주망원경의 위기 상황에 대한 더 자세한 내용은 다음을 참고하라. Lee Billings, "Space Science: The Telescope That Ate Astronomy," Nature, October 27, 2010.

  제임스 웹 우주망원경 독립 종합 검토 위원회 최종 보고서에 대해서는 다음을 참고하라. https://www.nasa.gov/wp-content/uploads/2015/01/499224main_jwst-icrp_report-final.pdf?emrc=da04aa

- 존 R. 카사니가 찰스 볼든 행정관에게 보낸 2010년 11월 5일 자 독립 종합 검토 위원회 커버 레터에 대해서는 다음을 참고하라. https://www.nasa.gov/wp-content/uploads/2015/01/499276main_casani_letter.pdf.
- 「제임스 웹 우주망원경 독립 종합 검토 위원회 보고서에 대한 NASA의 상세 답변에 대해서는 다음을 참고하라.

https://www.webb.nasa.gov/resources/JamesWebbSpaceTelescopeIndependentComprehensiveReviewPanelReport.pdf.

- 2018년 2월 미국 회계감사원이 의회 위원회에 제출한 보고서에 대해서는 다음을 참고하라. James Webb Space Telescope Integration and Test Challenges Have Delayed Launch and Threaten to Push Costs over Cap: https://www.gao.gov/assets/700/690693.pdf.
- 발사 며칠 전의 현장 보도에 대해서는 다음을 참고하라. Marina Koren, "The Most Exciting Spot in the Cosmos Right Now Is French Guiana," The Atlantic, December 23, 2021: https://www.theatlantic.com/science/archive/2021/12/james-webb-space-telescope-launch-french-guiana/621109/.
- 발사 후 제임스 웹 우주망원경 과학자들 사이의 분위기에 대한 더 자세한 내용은 다음을 참고하라. Dennis Overbye and Joey Roulette, "A Giant Telescope Grows in Space," New York Times, January 8, 2022.

3. 첫 번째 지평

- 시작 및 전체: 하이디 해멀.
- 제임스 웹 우주망원경의 태양계 과학에 대한 배경 정보:

임케 더 파테르; 스테파니 밀람; 존 스탠스베리; 크리스티나 토마스.

- 하이디 해멀에 대한 더 자세한 내용은 다음을 참고하라. Fred Bortz, Beyond Jupiter: The Story of Planetary Astronomer Heidi Hammel (Washington, DC: Joseph Henry Press, 2005).
- 1994년 슈메이커-레비 9 혜성 기자회견을 보려면 다음을 참고하라. https://ntrs.nasa.gov/citations/19990116991.
- 제임스 웹 우주망원경의 분광학에 대한 맥락의 더 자세한 내용은 다음을 참고하라. https://webbtelescope.org/contents/articles/spectroscopy-101--invisible-spectroscopy
- DART 충돌에 대한 더 자세한 내용은 다음을 참고하라. Tereza Pultarova, "James Webb Space Telescope Pushed Past Its Limits to Observe DART Asteroid Crash," Space.com, February 8, 2023: https://www.space.com/dart-impact-forces-webb-through-limit.
- 엔셀라두스: 제로니모 비야누에바.
- 엔셀라두스에 대한 더 자세한 내용은 다음 두 자료를 참고하라. Ron Cowen, "Giant Plume Spotted Erupting from Moon of Saturn Might Contain Ingredients for Life,"

Science, May 30, 2023: https://www.science.org/content/article/giant-plume-spotted-erupting-moon-saturn-might-contain-ingredients-life; 다음도 참고하라. Alexandra Witze, "JWST Spots Biggest Water Plume Yet Spewing from a Moon of Saturn," Nature, May 18, 2023: https://www.nature.com/articles/d41586-023-01666-x.

4. 두 번째 지평

- 시작 및 전체: 니쿠 마두수단.
- 제임스 웹 우주망원경의 외계 행성 과학에 대한 배경 정보: 네스토르 에스피노자; 니쿠 마두수단.
- JWST 과학 1주년First Year of JWST Science 학회에 대한 더 자세한 내용은 다음을 참고하라. https://www.stsci.edu/contents/events/stsci/2023/september/the-first-year-of-jwst-science-conference.
- 니쿠 마두수단의 논문에 대해서는 다음을 참고하라. Nikku Madhusudhan et al., "Carbon-Bearing Molecules in a Possible Hycean Atmosphere" (2023): https://arxiv.org/abs/2309.05566.
- 제임스 웹 우주망원경 이미지의 예술과 과학에 대

한 더 자세한 내용은 다음을 참고하라. 〈The Art and Science of Webb Imagery〉 https://youtu.be/8uUz_reqTko?si=qbckujAeMCEAVUws

- L1527에 대한 더 자세한 내용은 다음을 참고하라. Sarah Kuta, "James Webb Captures a Protostar in a Fiery Hourglass," smithsonianmag.com, November 17, 2022: https://www.smithsonianmag.com/smart-news/james-webbs-captures-a-protostar-in-a-fiery-hourglass-180981149/.
- 원시행성계 원반에서 물을 관측한 것에 대한 더 자세한 내용은 다음을 참고하라. Andrea Banzatti et al., "JWST Reveals Excess Cool Water Near the Snow Line in Compact Disks, Consistent with Pebble Drift," Astrophysical Journal Letters 957 (2023).
- 카멜레온 I 관측에 대한 더 자세한 내용은 다음을 참고하라. M. K. McClure et al., "An Ice Age JWST Inventory of Dense Molecular Cloud Ices," Nature Astronomy 7 (2023).
- HIP 65426 b에 대한 더 자세한 내용은 다음을 참고하라. Aarynn L. Carter et al., "The JWST Early Release Science Program for Direct Observations of Exoplanetary Systems I: High Contrast Imaging of the Exoplanet HIP 65426 b from

2- 16 μm" (2023): https://arxiv.org/abs/2208.14990.

5. 세 번째 지평

- 시작 및 전체: 오리 폭스.
- 제임스 웹 우주망원경의 은하 과학에 대한 배경 정보: 리처드 엘리스; 오리 폭스; 스베아 에르난데스; 노라 뤼첸도르프; 애덤 리스.
- NGC 6946의 초신성에 대한 더 자세한 내용은 다음을 참고하라. Melissa Shahbandeh et al., "JWST Observations of Dust Reservoirs in Type IIP Supernovae 2004et and 2017eaw," Monthly Notices of the Royal Astronomical Society 523 (2023).
- PHANGS 공동 연구팀의 초기 결과에 대한 더 자세한 내용은 다음을 참고하라. "PHANGS-JWST First Results," Astrophysical Journal Letters 944 (2023): https://iopscience.iop.org/collections/2041-8205_PHANGS-JWST-First-Results.
- 1987A 중심의 중성자별 관측에 대한 더 자세한 내용은 다음 두 자료를 참고하라. Daniel Clery, "Stellar Remains of Famed 1987 Supernova Found at Last," Science, February

22, 2024; C. Fransson et al., "Emission Lines Due to Ionizing Radiation from a Compact Object in the Remnant of Supernova 1987A," Science 383 (2024).

6. 네 번째 지평

- 시작 및 전체: 댄 코; 레베카 라슨.
- 제임스 웹 우주망원경의 초기 우주 과학에 대한 배경 정보: 댄 코; 안드레이 크라프초프; 레베카 라슨; 마이크 멘젤; 로지어 빈트호르스트.
- 2023년 1월 미국 천문학회 회의에 대한 더 자세한 내용은 다음을 참고하라. https://aas.org/meetings/aas241.
- 허블 우주망원경의 MACS0647-JD 관측에 대한 더 자세한 내용은 다음을 참고하라. Dan Coe et al., "CLASH: Three Strongly Lensed Images of a Candidate z ~ 11 Galaxy," Astrophysical Journal 762 (2012).
- 제임스 웹 우주망원경의 MACS0647-JD 관측에 대한 더 자세한 내용은 다음 두 자료를 참고하라. Tiger Yu-Yang Hsiao et al., "JWST Reveals a Possible z ~ 11 Galaxy Merger in Triply Lensed MACS0647- JD," Astrophysical Journal Letters 949 (2023); Tiger Yu-Yang Hsiao et al., "JWST

NIRSpec Spectroscopy of the Triplylensed z = 10.17 galaxy MACS0647-JD," Astrophysical Journal accepted (2024).

- 제임스 웹 우주망원경이 우주론학을 무너뜨렸는지에 대한 더 자세한 내용은 다음을 참고하라. Rebecca Boyle, "No, the James Webb Space Telescope Hasn't Broken Cosmology," Wired.com, September 26, 2023:: https://www.wired.com/story/no-the-james-webb-space-telescope-hasnt-broken-cosmology/.
- GN-z11 은하의 질소에 대한 더 자세한 내용은 다음을 참고하라. Chiaki Kobayashi and Andrea Ferrara, "Rapid Chemical Enrichment by Intermittent Star Formation in GN-z11," Astrophysical Journal Letters 962 (2024).

에필로그

- JWST 시대의 행성계와 생명의 기원 심포지엄에 대한 더 자세한 내용은 다음을 참고하라. https://www.stsci.edu/contents/events/stsci/2023/may/planetary-systems-and-the-origins-of-life-in-the-era-of-jwst?timeframe=past&timeframe=past&timeframe=past&timeframe=past&page=4&filterUUID=24ba27ed-9d32-4e90-aad8-3ee1a1784ae8.

그림 출처

컬러 이미지

1 (제임스 웹의 첫 딥 필드): NASA, ESA, CSA, STScI

2-3 (목성): NASA, ESA, 목성 ERS 팀; 이미지 처리: 리카르도 후에소Ricardo Hueso(UPV/EHU), 주디 슈미츠Judy Schmidt

4-5 (별의 탄생): ESA/Webb, NASA, CSA, T. 레이T. Ray(더블린 고등 연구소)

6-7 (우주 절벽): NASA, ESA, CSA, STScI

8, 9 (창조의 기둥, 1부와 2부): NASA, ESA, CSA, STScI; 조지프 디파스퀄Joseph DePasquale(STScI), 안톤 M. 코케모어Anton M. Koekemoer(STScI), 알리사 파간Alyssa Pagan(STScI)

10-11 (먼지): ESA/Webb, NASA & CSA, M. 마이스너M. Meixner

12-13 (나선은하): NASA, ESA, CSA, STScI, 재니스 리Janice Lee(STScI), 토머스 윌리엄스Thomas Williams(옥스퍼드), PHANGS 팀, 엘리자베스 휘틀리Elizabeth Wheatley(STScI)

14 (스테판의 오중주): NASA, ESA, CSA, STScI

15 (은하 병합): ESA/Webb, NASA & CSA, L. 아르무스L. Armus, A. 에번스A. Evans; 허블 헤리티지 팀(STScI/AURA)-ESA/Hubble 공동연구 팀

16 (중력 렌즈): ESA/Webb, NASA & CSA, J. 릭비J. Rigby와 JWST TEMPLATES 팀

컬러 삽지 디자인: 리처드 파넥Richard Panek

흑백 이미지

76: NASA/ESA/CSA

78, 79: NASA/STScI

112: NASA, ESA, CSA, STScI, G. 비야누에바G. Villanueva(NASA 고더드 우주 비행 센터). 이미지 처리: A. 파간A. Pagan(STScI).

116: NASA, ESA, CSA, STScI

135: NASA, ESA, CSA, STScI

160: NASA, ESA, CSA, 오리 D. 폭스Ori D. Fox(STScI), 마이클 덜루드Michael Dulude(STScI)

178: 레베카 라슨Rebecca Larson(RIT / UT Austin); Tiger Yu-Yang Hsiao et al., Astrophysical Journal.

186: NASA/WMAP 과학팀